U0140271

Wisdom from a

HUMBLE JELLYFISH

And Other Self-Care Rituals from Nature

向水母學習人生智慧

自然界的療癒大師教你放鬆的生活指南

蘭妮・夏哈（Rani Shah）——著　李昕彥——譯

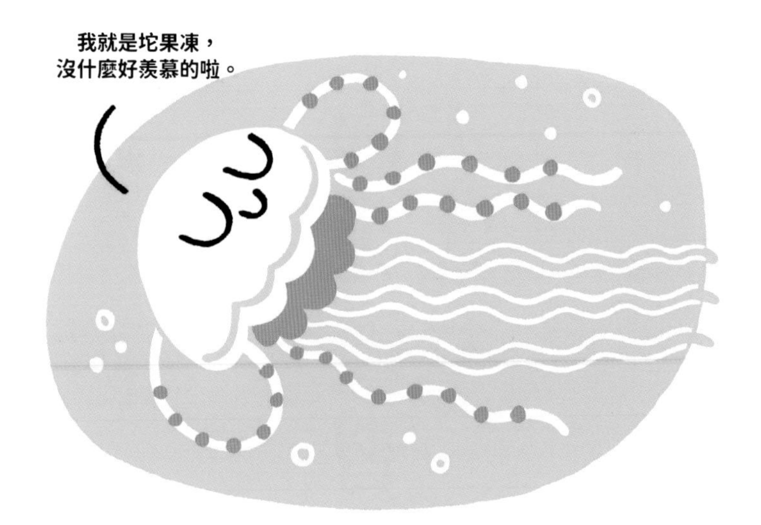
我就是圪果凍，
沒什麼好羨慕的啦。

獻給我身邊所有睿智的水母們：

我的父母與兄弟——
基那莉（Kinnari）、桑傑夫（Sanjeev）及羅翰（Rohan）。
我的祖父母——
瓦桑蒂（Vasanti）、薇姆拉（Vimla）、蘇仁德拉（Surendra）
及哈斯姆克（Hasmukh）。
以及我的最愛——烏茲阿夫（Utsav）。

我很高興教導我閱讀最終確實讓我學以致用。

目次

引言——歡迎進入叢林世界 006

豪豬 013

蜻蜓 021

蜘蛛 025

向日葵 035

水母 041

綠猴 047

六角恐龍 053

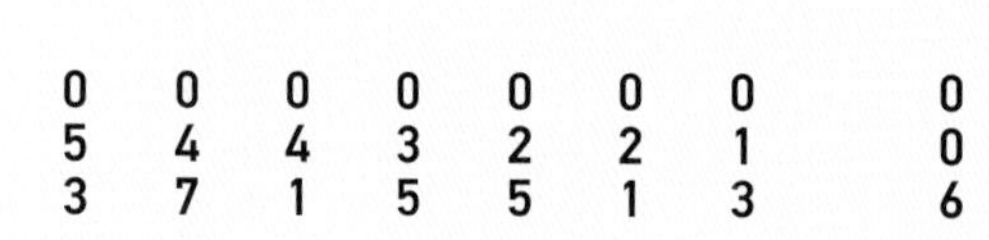

蝦子 059
寄生蟲 069
袋熊 083
樹懶 089
牡蠣 097
鳥類 103
大象 113
木蛙 117
章魚 125
酪梨樹 133
曇花 141

結語——熱愛大自然 148
致謝 154

◆引言——歡迎進入叢林世界

美好的一天開始了！這天你醒來時對自己說：「天啊，我真希望自己知道六角恐龍是什麼東西，然後牠又能教會我如何自我照顧。」假如這真的是今天出現在你腦海裡的第一個念頭，那麼沒錯——我心電感應的功力強大。如果不是的話，再加上你從來沒有聽說過六角恐龍這種東西，那也不要擔心。我現在就要介紹給大家知道，關於這種可愛小生物以及其他一系列動植物朋友們如何改善人類生活的知識。準備好了嗎？精采冒險即將展開。

不論是徒步健行、狩獵旅行、深海潛水或是在月球漫步，人類探索這座星球以及與其上生物之間的互動方式真的千奇百怪。然而，探索自然世界並非冒險家及富人的專利。任何擁有好奇心的人，都可以出發去探索。歷史上擁有好奇心的名人包括希臘哲學家泰利斯（Thales）*，他藉由觀察星象而成功預測出第一次日蝕的時間。此外，還有我個人的最愛，也就是家喻戶曉的查爾斯．達爾文（Charles Darwin），他透過研究加拉巴哥群島（Galápagos Islands）上的動物，發展出當代演化論。身為一個對大自然充滿好奇的無名小卒，我曾經試圖模仿鳥叫聲來引起本地鳥群的注意，無奈最後只是成功嚇跑住在附近的小朋友們。

地球是我們的居所，也是一個令人驚嘆的地方。這座星球在過去四十五億年來不斷地創造出所謂「生態系統」的複雜社群，每個生態體系都由數千、甚至數百萬種不同的動植物所組成。這些動物與植物都為了生活、繁衍與茁壯而各自演化出獨特的特徵與行為。不論我們談論的是一朵花如何以鮮豔的花瓣吸引昆蟲前來授粉，又或者是一隻貓如何運用出色的夜視能力在微光中捕捉獵物，植物與動

* 泰利斯被後人推崇為自然學派（naturalism）之父。自然學派是一種哲學運動，其定義就是認為或相信自然法則及力量是這個世界運作的唯一動力。

物都只有在以自身福祉為優先考量下，發展出相關的適應性特徵及行為，才能成功地生存與繁衍。

前述說的這些又跟自我照顧有什麼關係呢？根據《牛津英語詞典》的定義，自我照顧是「積極維護自身福祉與幸福的行為」，而自我照顧也是野生動物自古以來就在生活中付諸實踐的一件事。對於野生動植物來說，自我照顧的基本意義，就始於躲避掠食者並成功找到維持生命的食物。這些動植物們經常面對「我今天會被殺死嗎？」及「我今天會有東西吃嗎？」這樣迫切的問題。因此，「繁盛」對於野生動植物來說，定義上其實與我們現代人類的「繁盛」大相逕庭。

我們之中的多數人都不需要為了食物而狩獵或耕種，更不用說是躲避掠食者了。對於人類來說，似乎沒有什麼事情能對我們的福祉造成阻礙。然而，我們之中卻有許多人為生活中的焦慮、壓力及不幸福所苦。儘管我們不必擔心掠食者會潛藏在樹叢中等著吃掉我們，但是我們所處的生活與環境確實是我們的壓力來源。以現代科技為例好了。雖然科技進步為人類健康帶來許多益處，但是對電腦及智慧型手機的依賴也明顯地造成許多健康上的負面影響。許多人躲在螢幕後面、將自己隔絕於社會之外，而相較人類歷史上的任何年代，我們久坐不動的時間也更長；我們的工作時間很長，職場環境也非常高壓。美國是世界上工時最長的國家之一。根據《刺胳針》（*The Lancet*）醫學雜誌的一項研究表示，比起其他國家的工人（包括東亞及歐洲各國），美國勞工不僅承受最大的壓力，而且罹患心臟疾病的風險也明顯較高。

因此，我們對社群媒體及工作的執著可能會對自身造成傷害。想來還真諷刺。那我們能有什麼因應之道嗎？別慌張，先讓我們好好觀察一下當代對自我照顧的認知，而且我們其實不需要避免使用所有科技產品或遠離塵囂並隱居山林。鐵錚錚的事實就是，除非中樂透或從早期就開始持有比特幣，否則誰都得要工作，而我們在工作時終究都是要以某種形式使用智慧型手機或電腦。現代意義的自我照顧，就是要從這樣的生活之中取得平衡。這裡說的不僅僅是戴上口罩或聞精油。廣義來說，自我照顧就是優先考量自身在精神、體能與情緒上的健康，無論是充足睡眠、規律運動，還是不需理由地將自己打扮得體面又開心。

自我照顧的最終實踐，就是要確保每個人都牢記著要善待自己。

自我照顧

Self-Care

—

維護或改善自身
健康的行為

儘管自我照顧在近年來突然蔚為潮流，但卻是一個由來已久的概念。東方醫學推崇自我照顧已經幾世紀了，其採用預防的方式來照顧人們的身心健康，而不僅僅是有病醫病而已。不論是那些透過社群媒體帶來個人影響的網紅們在推廣的最新健康潮流，或是標榜為「自我照顧」販售的昂貴療程，我們經常聽到這個字詞遭到濫用，也因此造成大眾的誤解。自我照顧的本質並非花大錢或是避免社交活動，而真正理解自我照顧的含意可以幫助我們毫不遲疑地將自己放在第一位，也能夠減少我們專注達成個人目標時可能產生的內疚感。自我照顧並不是自私的行為，而是在身心上都朝著更好的自己邁進，不論是心理或體能上都一樣。我們藉此得以實現長期的目標、培養重要的關係並將生命中的潛能發揮到極致。

想要一代接著一代生存並繁榮發展，所有生物都必須具備一個基本特質：妥善照顧自己的能力。野外生活的自我照顧更是高潮迭起又多采多姿。舉例來說：**各式各樣的章魚**[*]：都已經演化出水下偽裝的能力來逃避掠食者並捕捉獵物。

*是的，各式各樣的章魚。我們稍後會回來談這個話題，先不要緊張。

烏龜：已經演化出堅硬外殼來補償行動緩慢、容易成為掠食者目標的劣勢。

獵豹：已經演化成為擁有神速的掠食者。

唯有各種形狀與大小的生物都能夠成功實踐自我照顧時，生命才會繁盛。對我們人類來說，現代生活所帶來的壓力會讓我們的防禦系統變得相當脆弱。也該是返樸歸真的時候了——讓我們好好地向奇妙野生世界中的動植物們汲取寶貴的生活經驗，好讓我們對抗壓力、焦慮，以及潛在的過勞問題。

那麼，背包可以準備上肩了，補充足夠的水分，一起跟隨我踏上自我照顧的野外探險吧！從水母高效能的安定能力到蝦蛄炫目（又令人震耳欲聾）的華麗招式，再到豪豬的復原能力，我們可以從地球上這些可愛生物的生活習性中學習到許多關於和睦生活與妥善照顧自己的方式。我希望大家能夠從中得到啟發並回饋給這些生物們一點點的愛，也就是尊重並保護這座我們共同擁有的美麗星球。關愛大自然，就是全人類的自我照顧。

THE

PORCUPINE

豪豬

趣味新知：在英文裡，豪豬小時候……
就叫小豪豬（porcupette）。

向堅忍不拔的豪豬學習

你無法控制自己是否會受傷。
許多時候，受傷是無可避免的。
但是你可以控制傷害對你造成的影響程度。

挫折會帶來嚴重的傷害，像是不愉快的分手、工作上得到負面評價、遭到解雇、失去家園——這些事情都會讓人煎熬又痛苦。

如果你面對的挫折是被硬刺扎到呢？哎喲，那是真的很疼。對於我們滿身帶刺的豪豬朋友來說，這可是真真切切存在的問題。一生中，豪豬有很多時間都待在樹上，然而常言道，有上就有下。當豪豬決定要從樹上下來時，牠必須從樹幹上向下倒退爬回地面，也就是屁股對著地面下地。由於豪豬無法準確判斷自己是否即將碰到地面，因此經常過早鬆開四肢並直接從樹上落地，最後就是被自己身上的硬刺扎到。

聽起來很恐怖吧？先別急著難過——因為面對被自己的硬刺扎到而引起的傷口感染，北美豪豬已經巧妙地演化出抵抗致命感染（如破傷風或傷口壞疽）的能力。豪豬的獨特硬刺上包覆著一層防止細菌生長的脂肪酸，具有類似盤尼西林的抗菌功效，可以排除傷口感染並致命的風險。豪豬的ＤＮＡ中存在著這種因應疼痛傷口而生的生物系統，讓牠們得以從潛在的致命挫敗中找回生存的力量。

對於我們人類而言，也許從日常挫敗中找回力量並不是我們ＤＮＡ中的一部分，不過轉變心態卻能夠幫助我們準備好面對生活中的諸多挑戰。讓我們借鑑豪豬（有些刺人）的韌性，張開雙臂擁抱下述這些因應艱難挫折時的原則：

「如果你不曾失敗，那你便不曾嘗試過任何新的事物」

亞伯特・愛因斯坦（Albert Einstein）的這句名言完美詮釋了去嘗試任何有意義事物所代表的意思。在我們達成新目標的過程中，失敗幾乎是無可避免的，不過這並不代表我們的潛力不足。一時的挫折只是代表我們沒有辦法控制所有的情況與條件。這時候，只要繼續努力就對了！

失敗沒有什麼好大驚小怪的

預期失敗並不意味著降低標準，這麼做只是讓我們更能夠為意料之外的事情做好準備——就像被自己身上的硬刺扎到一樣。一位睿智的朋友告訴過我一道策

重要的不是失敗多少次，
而是重新站起來多少次。

喬治 · 卡斯特（George Custer）
美國陸軍軍官兼騎兵團團長

略，我個人偏好稱之為「失敗申請」的策略。作為一名文字工作者，她經常投稿給不同的雜誌與期刊，而這個過程中會發生許多次要面對內心脆弱、耗費時間以及被否定的狀況。她為了應對被拒絕並同時增加成功的機會，會先在心中預期自己要經歷十次拒絕才會換到一次「肯定的」答覆。這樣聽起來很殘酷嗎？試試看，然後你就會發現，心裡感到最難受的總是第一次被拒絕的時候，不過之後每次的「否定」就只是那十次配額中的一部分罷了。這樣一來，當你得到「肯定的」答覆時，心裡會因此更加滿足。

一次又一次從挫折中爬起來，屢敗屢戰

美國陸軍軍官兼騎兵團團長喬治・卡斯特（George Custer）曾經說過：「重要的不是失敗多少次，而是重新站起來多少次。」不管是重大科學突破或學習騎單車，我們都需要經歷多次嘗試才能享受成功的果實。然而，為什麼有些挫折會讓我們那麼難以承受呢？這通常與我們嘗試的次數有關。經歷過多次心碎的人，

他們在面對第一次心碎時的方式，也許會與後來的其他次截然不同。專注在挫折過後的後續行動，是重拾力量的最好方式。

那該如何實踐呢？請先好好列出一張老派的待辦事項清單。然而，與其列出你自己在遭遇重大挫折（像是被公司解雇）後的下一步動作，不如改以他人的角度來建立這張清單。想像是你的朋友被公司解雇了，而你正在給他建議。這個方式可以讓你跳脫自己的思緒，並與實際情況保持一定的距離，從而冷靜地思考並決定下一步。有些時候，假裝眼前面對的是別人的事情，反而讓我們更容易跳脫當下的思緒。

THE

DRAGONFLY

蜻蜓

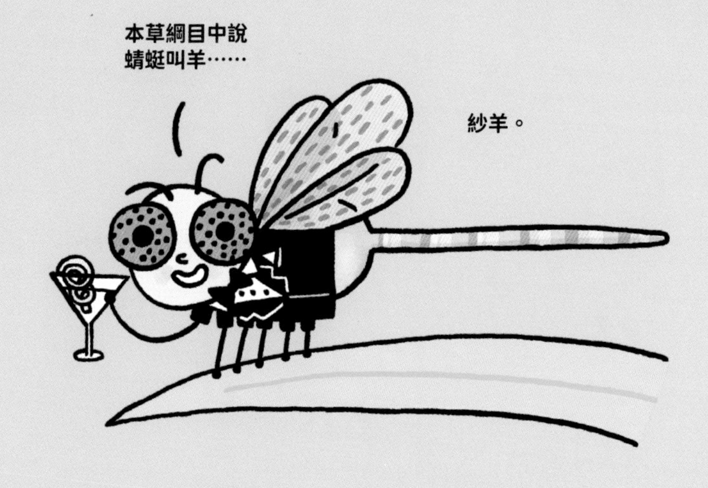

蜻蜓是精密校準的殺戮機器，
捕獵的成功率高達 95%，
與我們一起在地球上漫遊過生活。

向狡猾的蜻蜓學習

盡可能讓自己準備好並重新校正目標，
這樣一來更容易達成目的。

先別急著鎖緊門窗，也不用急著把狗藏起來。好在蜻蜓只會對蒼蠅、蚊子、小蟲子，以及某些倒楣的蝴蝶構成威脅。

蜻蜓在昆蟲界擁有一項獨特的能力：牠們的行動敏銳到可以預測並攔截目標獵物的移動模式——在獵物找到機會飛走之前，牠們就已經準確預測出其接下來的路徑。蜻蜓集中注意力的程度可與人類相比，使得牠們是地球上最具威脅性的狩獵者之一。掠食者通常會以眼睛鎖定獵物的方式進行狩獵——一旦發現潛在目標，牠們就會直接朝著獵物移動。這種被稱為「正統追擊」（classical pursuit）的鎖定獵物方式，就像是伸手去拿最後一塊餅乾：人類看到餅乾後就會瞄準餅乾的確切位置，不會另外考量假如餅乾突然位移的情況。如果你平常看到的餅乾都是會移動的——請與我聯繫，讓我好好了解一下你的生活條件。相較之下，蜻蜓不僅會鎖定眼前的獵物，還會藉由瞄準其路徑，接著在獵物移動時展開攔截。

擁有殺手般的專注力，對於實現目標來說相當重要。然而，僅憑專注力也不見得總是沒問題。達成目標的過程中準備好面對任何突發狀況，也是相當重要的本事。

打個比方來說，當我們在為計畫設定期限的時候，最好多留幾天的緩衝時間來因應可能發生的意外。又或者，在努力完成工作時將手機設定為靜音模式，這樣有助於避免自己不斷地查看手機的惱人內心衝動。確保工作設備都充好電了，這樣就不會因為忘記帶充電器出門而深受其擾。在行事曆中寫下自己的長期目標，著手規劃遠大的夢想並專注實踐，儘管自己也許得先為此隨意選定達成的期限，比如「四月十五日前要寫完劇本」。你可能沒有辦法在十五號前完成劇本，不過屆時你至少已經著手進行了，那就是朝著正確方向邁出的第一步。

假如陳述目標的方式夠具體明確，那麼達成目標的專注力就會比以往任何時候都要來得高。

THE

SPIDER

蜘蛛

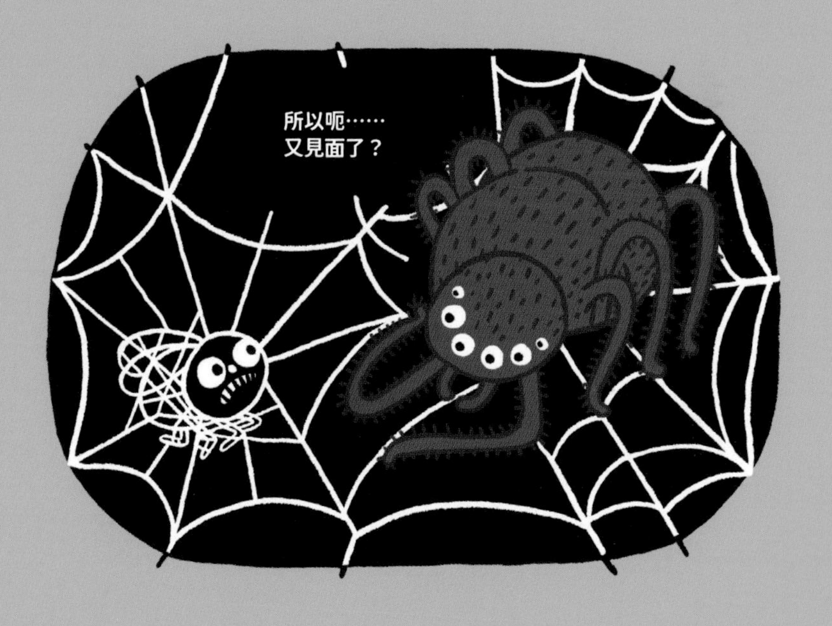

不管是哪種蜘蛛，
無論在家裡、野外、照片上或是任何地方，
沒有人想看見蜘蛛。

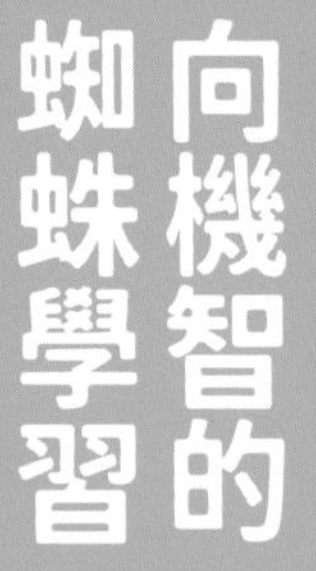

向機智的蜘蛛學習

就像世上蜘蛛有多樣的織網方式，
達成個人目標也有多種途徑。

如果你是極少數真心崇拜這有著八隻腳朋友的人，那麼好戲就要上場了。我們即將認識機智敏捷的蜘蛛，以及各式各樣精巧的蜘蛛網，而且還能從中學到不少事情。

但就在我們進入那錯綜複雜的細節之前，首先得要知道蜘蛛（以及蜘蛛網）令人欽佩的理由：也就是多樣性。根據所在地區的差異，我們腦海中浮現的蜘蛛網的形態會截然不同。對某些人來說，蜘蛛網就是普遍在萬聖節裝飾及恐怖電影中出現的那種環狀網。不過對於其他某些人來說，尤其是住在澳洲的人，他們腦海中出現的就是比較少見的漏斗狀蜘蛛網。無論是什麼品種、區域或形狀，蜘蛛網的主要功能始終如一，就是要捕捉獵物。

三角織蛛

蜘蛛網的形態不下數十種，諸如不規則網、薄膜網及漏斗網，應有盡有。這裡將深入探討三種令人難忘的蜘蛛品種，以及牠們的蜘蛛網。

我根據自己的專業，
列出前三名最好的網子：

❶
網際網路

❷
夏綠蒂的網

❸
流星錘蜘蛛用來捕捉飛蛾的
暗器「流星錘網」

三角蛛屬（*Hyptiotes*）下的三角織蛛（triangular spider）會吐絲製作出不太傳統的蜘蛛網。顧名思義，三角織蛛的蜘蛛網主要附著在三個不同的點上，看起來就像是一個等腰三角形，而其中一個點就是三角織蛛本尊。一旦等到蒼蠅或大型飛蛾落入網中後，三角織蛛就會收緊蜘蛛網——緊到風吹草動，網也不動——三角織蛛會以兩條前腿夾住獵物，然後再以身體的其他部位攀住周遭任何堅固的物體，像是樹枝。

一旦可憐的獵物飛進這三角陷阱中，蜘蛛就會立刻感受到昆蟲掙扎時造成的振動。大多數蜘蛛發現獵物被困在蜘蛛網中後就會朝獵物爬過去，接著以蜘蛛絲包裹獵物。

然而，三角織蛛卻不一樣。三角織蛛不會朝被困住的獵物移動，而是迅速解開蜘蛛網的支撐，讓整面蜘蛛網攤在獵物身上，將獵物纏在蜘蛛絲中。

但別擔心，這種無毒蜘蛛的大小不到半公分，對於人類而言，還不是什麼值得擔心的東西……至少以目前來說。

金絲蛛屬（*Nephila*）下的金絲圓網蜘蛛（golden silk orb weaver）主要分布在比較溫暖又有茂密植被的地區，諸如美國東南部、南非以及澳洲。金絲蛛基本上是蜘蛛恐懼症患者內心最害怕的噩夢。這種黃綠色的鮮豔蜘蛛可達五公分長，甚至有報導指出馬達加斯加曾發現長度將近十三公分的金絲蛛——這個長度幾乎和一美元鈔票一樣長。沒錯，我光是想到也覺得是一場噩夢。

雖然這些蜘蛛看起來極其可怕，不過卻能夠織出美麗的金色蜘蛛網。目前，澳洲發現的最大蜘蛛網就是金絲蛛的建築傑作（目前發現最大的金絲蛛網直徑可達九十公分），其蜘蛛絲中的色素被稱為類胡蘿蔔素（carotenoids），和讓胡蘿蔔呈現其代表性橘紅色的色素相同。這種色素讓金絲蛛的金色蜘蛛網與陽光融為一體，不易分辨並反射著周遭的光線及綠色植被。

金色蜘蛛網越是明亮，就越能吸引蜜蜂與其他昆蟲上鉤。

有趣的是，金絲蛛在森林裡比較陰暗的地方，也會隨之織出色彩比較不鮮艷的蜘蛛網，這代表這種蜘蛛能夠根據建造蜘蛛網的所在條件，進一步控制蜘蛛絲中的色素。

流星錘蜘蛛

乳突蛛屬（*Mastophora*）下的流星錘蜘蛛（bolas spider）既是偽裝大師，也是狩獵大師。流星錘蜘蛛巧妙地佇足在葉子上，圓形腹部帶有棕紅混白的斑紋，並藉此發展出一套抵禦捕食者的完美招數：牠看起來完全就像一坨鳥屎。等到捕食者遠離之後，流星錘蜘蛛就可以專注在其他比較費勁的事情上了。入夜後，流星錘蜘蛛會先懸掛在自己吐出的蜘蛛絲上。接著，牠會吐出另一條更細的蜘蛛絲，末端是具有黏性的球狀物：你可以試想一條繫著小鵝卵石的繩子。（趣味新知：這條帶有黏性球狀物的蜘蛛絲，正是流星錘蜘蛛得名的關鍵——流星錘是一種在末端裝有重物的繩索，主要被人類用來獵捕動物。）

流星錘蜘蛛懸掛在那條索命蜘蛛絲上時，其實並不是在等待獵物靠近。流星錘蜘蛛有著更棒的策略！牠會先釋放出與當地飛蛾類似的雌性費洛蒙激素，藉此引誘雄蛾靠近。一旦有倒楣的雄蛾嗅到這股氣味，並鼓動翅膀朝著流星錘蜘蛛靠近，流星錘蜘蛛身上的觸毛就會感知到雄蛾的移動方向，接著立刻發動攻勢！流星錘蜘蛛對著雄蛾甩動蜘蛛絲上的流星錘，瞬間就可能活捉雄蛾，而雄蛾的命運就注定了。帶有毒液的獠牙只需咬一口，再以蜘蛛絲敏捷地纏繞一番之後，飛蛾餐就準備上桌了。

更勝於此的劇情：流星錘蜘蛛那極具侵略性的化學擬態攻勢，並不僅限於捕捉單一品種的蛾類。

舉例來說，乳突蛛屬下的有一種叫哈氏乳突蛛（*M. hutchinsoni*）的流星錘蜘蛛，就會在夜間不同時段釋放出兩種不同蛾類的費洛蒙激素。硬毛夜蛾（bristly cutworm）在日落之後最為活躍，哈氏乳突蛛就會在這個時段針對硬毛夜蛾釋放出相應的費洛蒙作為誘餌。等到稍晚之後，黑烟蛾（smoky tetanolita）在晚上十一點之後最為活躍，哈氏乳突蛛就會逐漸停止分泌針對硬毛夜蛾的費洛蒙，轉而吸引這個時段的新目標。

鳥屎、黏性流星錘與類蛾費洛蒙——流星錘蜘蛛很清楚地知道如何將獵物手到擒來。

網子，網子，網子

蜘蛛存活在地球上已經三億八千萬年了，成千上萬種各式各樣的蜘蛛已經多少摸索出在地球上的生存方式。

那麼蜘蛛求生的訣竅是什麼呢？那就是發揮創意，策劃出達到目標的各種方式。從甩出流星錘的流星錘蜘蛛到一旦遇到就會比三角戀情死更慘的三角織蛛，蜘蛛們都演化出達成各自目標的獨特生活習性。

無論生涯或職涯，要達成目標都不會只有單一的實踐方式。想要獲得面試機會，早已不再是只要填寫履歷就好那麼簡單了。我們需要建立人脈，線上申請也要運氣好，面試時又得表現出色，然後在被錄取時還得去談薪資報酬。

追尋真愛也不像是在交友軟體上填寫個人資料後就向右滑那麼簡單。我們得要交出完美的個人照片，藉由美酒佳餚與潛在的匹配對象約會，而且絕對不要考慮任何在身上刺有「活著、笑著與愛著」這種退流行勵志標語的人。

實現財務目標意味著永遠放棄買酪梨吐司來吃這樣的高消費生活。我們需要規劃預算、存錢並為退休做準備，以及好好計劃怎麼樣還清就學貸款——是吧！如果真的有種單一的方式可以達成這個目標，那麼我們現在就沒有什麼好苦惱的了，不是嗎？

THE

SUNFLOWER

向日葵

見了明豔動人的向日葵，
誰不會有好心情呢？

向綻放光芒的向日葵學習

抱持正面的態度不僅讓生活愉悅，
也幫助我們更加茁壯。

向日葵似乎已經領悟要保持正面樂觀過生活，因此這種平均高度可達一百八十公分至三公尺、又綻放著壯觀花朵的植物就成了喜悅與忠誠的象徵。向日葵就是美麗與智慧的化身。

一般人經常誤解盛開的向日葵在日間會隨著太陽由東向西移動。事實上，成熟的向日葵並不會隨著太陽移動，倒是向日葵的花苞確實會這麼移動。在成長的早期階段，向日葵的花苞會跟著太陽的東升西落移動，這樣才能確保吸收最多的陽光，進而加速生長。然而，這些花苞究竟是怎麼移動的呢？奧祕之處就在向日葵的莖幹。向日葵莖幹上的柔韌部分就在花苞的下方，讓這些美麗的花朵總是能夠找到陽光的方向。背對陽光那面的莖幹的細胞能夠伸展，以此確保花盤始終朝著太陽的方向傾斜。

等到夕陽西下之後，向日葵的花苞就會再次向東轉，準備迎接第二天的到來，然後耐心地等待下一次日出。下次經過向日葵田時，請注意——最成熟的向日葵一定是面向太陽升起的方向。隨著花苞開始綻放，向日葵會繼續保持面向東方的姿態，好讓完全綻放的成熟花朵可以在天剛亮時就開始盡可能地吸收陽光。

下次經過向日葵田時，
請注意——
最成熟的向日葵
一定是面向
太陽升起的方向。

向日葵顯然已經找到開啟與結束每一天的規律。

我們可以從向日葵身上學習保持正向與樂觀。抱持樂觀主義的思維可以延年益壽、改善人際關係，最後讓我們的生活更健康。當然了，樂觀主義知易行難，畢竟，人類就是因為天生有著悲觀的傾向而得以生存，這樣的天性讓我們長期以來能夠避免成為其他生物的食物，或者受到致命植物的傷害。然而，心理學家發現，尋找一線生機或抱持感恩之心的行為，不僅可以延長壽命，也能讓我們過上更快樂又更充實的生活。

那麼，我們如何能夠在每天睜開雙眼時，就以樂觀的態度面對生命呢？根據舉世聞名的心理治療師，也就是正向心理學運動之父馬汀・塞利格曼博士（Dr. Martin Seligman）的說法，我們可以從以下兩個簡單的練習開始：

表達感謝——寫一封感謝信給好朋友、伴侶或家人（前提當然是你也要真心地喜歡他們），然後大聲朗讀信的內容給那位幸運兒聽。研究表示，做了這件事之後可以帶來長達四週的好心情！而且，這不僅對自己有效而已。試想一下，我們可以透過這樣簡單的練習為心愛的人帶來多麼棒的感受！

寫下三件好事——如同向日葵在日落之後正向歸位一樣，我們也辦得到。每天在上床睡覺之前，仔細回想並記下當天發生過的三件好事，然後也在每件事旁邊記下前因後果。例如，「今天有人稱讚我的髮型很好看……因為我最近比較常去理髮。」這個練習並不是莫名其妙的自我膨脹，而是要提醒自己生活中大大小小的積極與正面時刻。

THE

JELLYFISH

水母

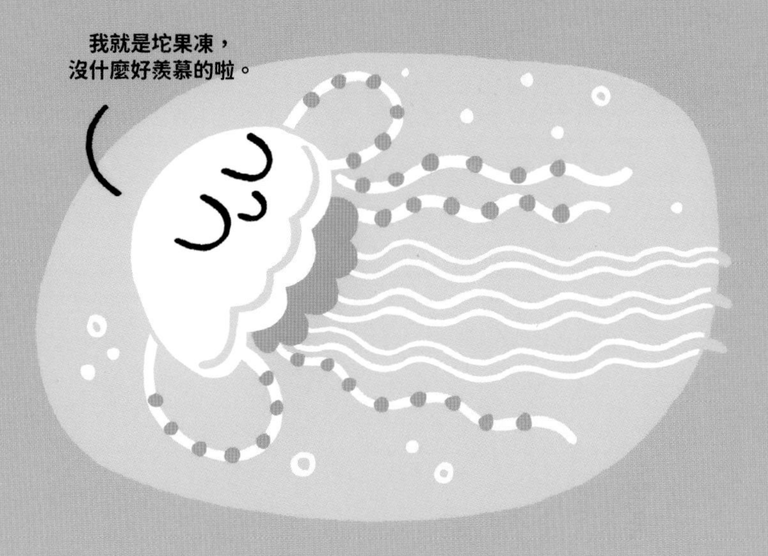

水母是世界上行動效能最高的動物之一，
以水母當作楷模絕對不會錯。

向謙虛的水母討教

優哉游哉，為進之道。

水母的歷史可以追溯至五億年（甚至可能是七億年）前，更比地球上最早出現的恐龍物種還要古老上三倍之多。水母除了要對全球海洋的騷動負起責任之外，其生存方式又更加令人驚奇，因為水母是利用特殊噴水方式所造成的反作用力將身體推進。

如果對水母游泳的樣子沒什麼印象，那就想像一下輕輕地收起五根手指，就像要撿東西一樣，然後再鬆開手指。*假如水母想要向前移動的話，那就必須先將身體收縮，接著放鬆，這樣才能啟動第二波動作。如果每次收縮之間少了這個關鍵的放鬆步驟，水母不管怎麼游都沒有辦法將身體推進。這樣短暫的間歇動作也讓水母成為地球上行動效能最高的生物之一！水母擁有以水構成的膠狀低密度核心（稱為中膠層），同時也幫助牠們以幾乎沒有阻力的方式徜徉在大海中。

作為人類，我們很清楚知道放鬆身心是很重要的一件事，不過這與水母帶來的福音又有什麼關係呢？這麼說好了——我們的大腦是由強健的肌肉組成，其功

* 這也是我要與本書所有讀者分享的祕密握手方式，請笑納！

能就是不停地在做決策（平均每天要決定超過三萬五千件事情），而且還會不斷地受到外在環境的刺激。*讓大腦在需要做決定時能夠休息一下，這就類似水母身體的「收縮」動作。事實上，如果我們不讓大腦休息的話，身心終究會開始感到焦慮與倦怠，進而生產力及注意力也一定會跟著降低。

暫停工作或享受片刻的休憩時光，無論是出門散散步或整理工作空間，都不僅有助放空思緒，也可以提升接下來完成工作任務的效率。此外，請注意一點：水母不會捨不得給自己這樣休息片刻的機會——因為這是牠們移動過程中非常重要的一部分。如果想要達成這一點的話，那就試著安排固定的休息時間，以確保放鬆時的效率也與工作時的效率一樣高。工作時，每隔三十到六十分鐘就起來走一點路，這樣做有益身心。假如在繁忙的工作之中不可能起身散步的話，那麼就嘗試「20．20．20法則」：每隔二十分鐘，就讓視線離開電腦螢幕，接著看向至少二十英尺（約六百公尺）遠的地方，看二十秒——讓雙眼好好休息一下！

就算忙到沒有時間度假享受，我們的大腦也會在體驗新奇事物時給予正面回饋。改變每天在家附近的散步路線，或是安排振奮人心的小確幸時光，這些都是

「改善」日常休息品質的好方法。無論是暫停工作去打開自己最喜歡的零食解解饞，或是約朋友一起吃午餐，創造放鬆身體與大腦的時刻就和完成工作任務同樣重要。

* 哇喔！一閃而現的新奇事物！

THE

VERVET MONKEY

綠猴

綠猴是南非原生動物，
而科學界津津樂道的「警報通訊系統」——
就是綠猴最廣為人知的習性。

向實在的綠猴學習

人非聖賢，孰能無過。
與其犯錯時忙著自責，還不如從錯誤中學習。

這些猴子也和人類一樣，藉由發出不同的聲音來傳遞訊息，尤其是與生死存亡相關的訊息，例如「小心，有敵人！」。綠猴會根據不同掠食者所帶來的威脅類型發出警告：如果是蛇出現的話呢？「趕快爬上樹！」如果是老鷹出現呢？「趕快趴下，躲進灌木叢裡！」

特別有趣又實用的一點，是綠猴如何看待成猴與幼猴叫聲的方式。如果是幼猴發出警告，猴群會等待另一位成猴驗證幼猴發出的訊息是否正確。聽起來有點苛刻嗎？其實不然。年幼的綠猴尚未完全掌握猴群的語言，而且經常會發出錯誤的警報信號，這樣可能對整個猴群帶來致命的後果。*想像一下，如果今天出現一條蛇，結果年幼的綠猴卻發出警報指示大家撤退到地面，而不是逃到安全的樹上，那後果真的不堪設想。

其實猴群並不會對發出錯誤警報的幼猴生氣，因為牠們明白犯錯是學習的必經過程，因此成猴之間會相互諮詢後才做出決定。這個機制讓綠猴們能夠在可承

* 猴群在英文中是以「一群」（troop）為單位，不過也可以「大量」（barrel）或「一車」（carload）來形容。仔細想想，一車聽起來是不是很生動呢？

內心戲示範：

「我真是夠蠢了。」

「這就是為什麼同事都討厭我。」

「我真是個天大的笑話。」

受的風險範圍內處理錯誤——這一點是多數人類尚未掌握的能力。

回想上一次犯下令人焦躁的錯誤是什麼？也許是搞丟鑰匙，或是忘記按時付房租，甚至是在飛機上大喊「有蛇！」。當我們在面對這種焦躁時刻時，內心肯定上演著嚴苛的戲碼，畢竟我們都很容易在犯錯時先自責。

「我真是夠蠢了。」

「這就是為什麼同事都討厭我。」

「我真是個天大的笑話。」

這些話是很嚴厲沒錯，我們在犯錯之後可能都有過類似的想法。儘管對失誤表達憤怒或感到挫折是非常正常的反應，但是如果我們始終無法適當地排解這些情緒，那就真的會造成問題了。糾結於錯誤之中反而會阻礙我們學習與進步。

如果成年綠猴不給幼猴機會練習向猴群發出警告，這樣終究會為猴群帶來嚴重的後果。然而，由於成猴能夠彌補幼猴可能犯下的錯誤，幼猴便能在成長過程中培養出成年之後能正確傳遞警告訊息的技能。

有效減少錯誤帶來傷害的方式很簡單，就是記住一個關鍵：錯誤就是學習的機會。人非聖賢，孰能無過！喊錯別人名字或搞丟手機的當下，心裡一定覺得很糟糕，不過你肯定也不是人類史上第一個犯下這種過錯的人。綠猴在其他猴子犯錯時會產生同理心，進而幫助牠們從錯誤中學習。將綠猴當作榜樣吧！

自我照顧的重點，就是要善待自己。當我們在犯錯時，不要過度自責，那麼原諒別人的錯誤時就會變得容易得多。所以，下次當自己或同事將簡報搞砸了，或是不小心在回覆信件時（又）點了「回覆所有人」時，準備好你的同理心並用開放的心態去面對，我們一定可以從中獲得學習經驗。

THE

AXOLOTL

六角恐龍

向大家介紹這個……
應該是動物王國裡長得最和藹可親的兩棲類——
六角恐龍（也叫做美西螈）。

向樂觀的六角恐龍學習

處處都是成長的機會。

阿茲特克人以雷火及死亡之神修羅托（Xolotl）之名為六角恐龍（正式名稱為墨西哥鈍口螈，學名為*Ambystoma mexicanum*）命名，鈍口螈（axolotl）的英文原意是「水怪」——然而六角恐龍實際上更像是「水中的泰迪熊」。現今，六角恐龍主要棲息在墨西哥市周圍的水域之中，就在古阿茲特克帝國的所在地不遠的地方。儘管六角恐龍已經瀕臨滅絕，而且很難在野外見到，這種小型蠑螈仍然受到許多人的喜愛，同時也是自然界最古怪的生物之一。六角恐龍生了一張可愛的娃娃臉，這是生物學上稱為「幼態持續」（neoteny）的現象，也就是成年動物卻保留著幼年的特徵。這種溼答答的動物在成年之後，仍保留著像是蝌蚪一樣的特徵。想像一下家裡的狗狗永遠長不大的樣子！

六角恐龍除了一生都為青春永駐所困，這種幼態持續的蠑螈還有著超凡的身體部位再生能力。無論是尾巴、四肢，甚至是部分的脊髓，六角恐龍的再生能力可以涵蓋到大腦、心臟以及其他器官。當人類的四肢被截斷之後，我們身體的反應是以皮膚組織來覆蓋傷口。相較之下，六角恐龍的身體卻可以將身體細胞轉化為幹細胞，好讓這些幹細胞再生出皮膚、骨骼、全身四肢，以及血管。這意味

對於一隻六角恐龍受傷後，
復原能力是否有極限，
科學界尚未有明確的定論。

著六角恐龍有能力完美地重新生長出被切斷的身體部位。對於一隻六角恐龍受傷後，復原能力是否有極限，科學界尚未有明確的定論——我們不知道六角恐龍可以重新長回斷掉的部位多少次。

雖然人類沒有這種重新長回斷肢的瘋狂能力，不過我們可以透過心理學家卡蘿．杜維克（Carol Dweck）所提出的「成長心態」，來培養出另一種成長方式。根據杜維克的說法，人們的心態往往可以分為兩大類，一種是具有「定型心態」的人，另一種則是具有「成長心態」的人。當我們認為無法改變自身特質及能力，或者認為個人特質與能力都是「與生俱來」時，我們就是在用「定型心態」看待自己。假如我們認為才華與技能是可以透過努力及毅力獲得的，那麼我們就擁有「成長心態」。具備成長心態的人往往會更有成就，因為他們相信智慧是可以習得的，也不認為錯誤或缺乏知識的是一種缺點，反倒是一種學習機會。

然而，如果我們往好處想，就算擁有定型心態的人想要轉變為擁有成長心態，其實也只需要有想要改變的欲望就可以了。學習新的技能或培養新的習慣總是讓人怯步不安，所以我們要先著手將目標逐一分成一個個可以按部就班的步驟。嘗試每天早起？假如是有著定型心態的人就會用以下藉口推遲，像是「我就不是晨型人，要我早起會很痛苦」。然而，換作是有著成長心態的人時，這個目標不僅不會讓人那麼不安，反而更加實際！將早起的過程拆解之後，你其實不僅是要在適當時間上床就寢，還會在醒來時見到讓精神為之一振的事物，像是喝上一杯新款的咖啡或換上一套新買的衣服。當我們採用成長心態時，我們就會接受自己的缺點，然後試著訓練自己去改善這些缺點，而不是因為覺得自己無能為力而勉強接受這些缺點。

六角恐龍的日常生活就是這種成長心態的體現：就算四肢都斷了，也是可以克服的挑戰。我們可以在生活中淺嚐這種心態，欣然擁抱「只是還沒……」的四字箴言。採納成長心態的關鍵，就是要好好看清自己的目標——即便知道當下的自己還未完成那個目標，也相信總有一天會達成的。所以，就算今天六角恐龍可能還少了一條腿，明天也許就長回來了，只是現在還沒而已。假如不試著去達成目標，那就是連成功的機會也不給自己了——這樣還有什麼樂趣可言呢？

THE

SHRIMP

蝦子

這小小生物的生活中，
蘊藏著許多不為人知的祕密，
處處都是值得學習的地方。

向凶猛的蝦子學習

不管是不是雞尾酒蝦，
我們都知道蝦子可以對周遭環境帶來影響！

尺寸與自身潛在的影響力無關，
意志力才是一切的關鍵。

我們之中可能有些人本來就知道，蝦子會清理魚的身體並吃掉魚身上的舊鱗片。不過，除此之外，蝦子並不是我們經常會想到的生物。

放眼海洋世界的兩千多種蝦類，最迷人的就屬蝦蛄（mantis shrimp）及槍蝦（pistol shrimp）這兩種了。蝦子與甲殼類家族的龍蝦與螃蟹都是近親，一樣都有著堅硬的外骨骼（他們的遠親——昆蟲也是如此）。如果你以後有機會參加以動物世界為主題的猜謎活動，千萬不要忘記這一點。

話雖如此，我們卻要開始踏上一段神奇又暴力的旅程：一起探索蝦蛄與槍蝦那蝦子雖小、五臟俱全的世界。

蝦蛄

如果海洋世界也有年度各項評選的話，蝦蛄應該可以輕鬆角逐「最佳裝扮」這個類別的評選。蝦蛄表面上看起來是種迷人的生物，不過美麗的外表背後卻是極為凶猛的動物。一般的蝦蛄都擁有兩種類型的捕捉足，而且聽起來像《哈利波

當你聽到「蝦子」這個字時，
心中可能會浮現兩種畫面：

❶

快炒料理中會出現的，
那種粉紅色的捲曲小生物。

❷

班上在體育課時，
那個根本跑不了幾步的小孩
（呃，絕對不是我喔！）

特》的魁地奇球賽中的道具一樣：穿刺型（spearers）和粉碎型（smashers）。

蝦蛄的「穿刺型」捕捉足上會長出帶刺的矛狀附肢，一旦軟體獵物靠近時就可以迅速刺穿獵物。然而，這並不是蝦蛄行走江湖的長項。這份榮譽屬於那更大型的「粉碎型」捕捉足，其上引人注目的捶打型附肢長在捕捉足的末端，就像是一把鈍棍。當獵物靠近時，蝦蛄會以八百毫秒一下的速度攻擊——這速度究竟是多快呢？也就是人類一眨眼的瞬間，蝦蛄就可以打擊獵物超過三百次的意思。

比起蝦蛄的打擊速度，更有趣的是這樣的攻擊所帶來的傷害非常驚人，因為蝦蛄的粉碎型螯足會以將近一千五百牛頓的衝擊力（約三百四十磅）捶打獵物。不論是螃蟹、其他蝦類或是海洋蠕蟲，海底沒有任何其他小型生物能夠抵擋這樣的攻擊並倖免於難。

結合蝦蛄這樣的力量與其不可置信的速度，我們應該就不難理解為什麼會常常聽說蝦蛄打破水族箱玻璃並逃脫的事件了。正因為如此，水族館才會將蝦蛄安置在特殊容器之中，或是乾脆放生回到大自然。

前述所有動作都是一個約莫我們手掌大小（約十公分長）的生物造成的，而當中涉及大量且複雜的物理學知識。要在水下以這樣的力道及速度攻擊，蝦蛄的螯足與海水之間就會產生一個空穴泡（cavitation bubble）*。強烈的壓力會讓空穴泡中的水開始沸騰，藉此蝦蛄的螯足就能帶來強大的衝擊力。如此一來，即使獵物僥倖躲過攻擊，也會因為暴露在高壓空穴泡的沸水中而休克、甚至死亡——而這僅僅是蝦蛄武術表演中的餘興節目罷了。

蝦蛄身為世上四肢運動速度最快的冠軍衛冕，本來就不是為了成為盤中飧而存在。

槍蝦

想像一下不需要接觸到目標就能殺死或擊暈獵物的樣子——這正是槍蝦掌握的神技，「音波獵殺」。槍蝦有一隻比例看起來相當滑稽的蝦螯，而這隻像手槍的螯中隱藏著一個裝置，就是能以將近每小時約九十五公里的速度向獵物發射類似子彈的氣泡。這種子彈式的氣泡只會對周遭幾毫米範圍內的生物及物體造成傷害，不過卻讓這種蝦子很難被養在水族箱中，就連近距離研究都很難。

名符其實，槍蝦從蝦螯發射氣泡所發出的聲音，讓牠成為地球上最吵的生物之一。槍蝦也被稱為「鼓蝦」，經過測量後，槍蝦在水下發射氣泡時所造成的聲響可達兩百分貝——相比之下，陸地上聽到的槍響大約是一百五十分貝。這種聲響是槍蝦「射出」類似子彈的氣泡時所產生的。氣泡形成時所帶來的極高壓力，在氣泡破裂時會發出非常響亮的聲音。槍蝦不僅會發出這樣震耳欲聾的聲響，而且還具備加熱的衝擊力！槍蝦也與蝦蛄一樣，當牠發射的氣泡子彈爆裂時，就會釋放出一種稱為「聲致發光」（sonoluminescence）的閃光。此現象除了極其響亮的噪音之外，挾帶的氣泡也會釋放出超高溫度——其溫度之高，以至於氣泡爆裂時所產生的溫度甚至比太陽表面還熱——八千四百度。

讓我們從另一個角度來了解槍蝦的噪音到了什麼樣的水準：大家想一想，美

＊也稱作「空蝕氣泡」。流動的液體中的氣相空穴，是由液體受到極大壓力時所產生的低壓液體。

國海軍在第二次世界大戰期間，竟然會尋找槍蝦生活的聚落並將潛水艇駐紮在那附近，因為這些槍蝦聚落所發出的噪音可以干擾聲納技術，藉此掩護美國海軍的潛水艇，避免敵軍監視或攔截訊息。

噪音、高溫與速度：槍蝦在音波獵殺的領域中獨占鰲頭。

尺寸不是問題

蝦子突然變成令人恐懼的動物之後，也該是時候重新審視我們開玩笑時將「蝦兵蟹將」當作嘲笑人的用法了。不不，我們不是要為蝦子重新正名，而是要理解我們人類是如何習慣將體型大小與影響力之間劃上等號。

很多人其實心裡都明白，體型並不能定義任何生物或人的價值，但是我們卻經常將這種邏輯落實在個人行為上。蝦類朋友的體型確實很小，不過牠們的行動卻能震驚其他生物，甚至帶來嚴重的影響。

你上一次聽到自己或周遭的人說「沒關係，就這一次」是什麼時候？無論是打破節食計畫、沒有回收空罐子，又或是抽那根菸呢？聽到或說出「就這一次」就足以讓數週、甚至數月的計畫與工作瞬間白費。「就這一次」這樣的簡單聲明，卻能夠帶來滔天巨浪般的後續影響。

換個角度想想，一些看似微不足道的行為，像是幫朋友或陌生人一個忙，能為他人帶來好心情（甚至好習慣！）的影響時間可能遠遠超出我們的預期。買杯咖啡、給個擁抱、傾聽他們的心聲——這些不僅是「善意」的行為，也是讓他人感受到被重視的方法。此外，這些行為並非只是無私而已！許多研究一再證實，對他人友善與慷慨，也能為我們的心情與人生觀帶來正面的影響。

THE

PARASITE

寄生蟲

大自然中最鬼鬼祟祟、
最狡猾的有機生物，
在任何氣候帶或大自然地貌，
都可以發現寄生蟲的蹤跡。

向賊賊的寄生蟲學習

當我們因為某個人或某件事覺得不自在或疲憊時，
這些人與事可能都在耗盡我們寶貴的資源，
那就該是排毒的時候了。

寄生蟲的定義就是仰賴另一物種或宿主維生的有機體，牠生活在宿主的體內或表體上，藉由奪取宿主體內的養分維生。寄生蟲能夠改變宿主的行為並完全控制宿主的器官（包含大腦），甚至以多種形式存在，像是魚類、病毒、昆蟲，甚至細菌身上都可以發現寄生蟲。

弓形蟲

弓形蟲（學名為 *Toxoplasma gondii*）這個名字，對於一種能夠操控心智的有機體來說，是再合適不過了。弓形蟲也是世界上最常見的寄生蟲之一。牠是原生動物（或稱原蟲）家族下的單細胞微生物，同時也是細菌的近親。根據估算，全世界大概有三分之一的人類都感染了弓形蟲病。

如果你嚇到想要喝光一整瓶洗手乳的話，請三思，因為：

1. 喝洗手乳有可能致命。
2. 對於免疫系統正常運作的人來說，弓形蟲病不會造成任何傷害（除非你

這世上仍有些罕見
又會影響大腦運作的寄生蟲，
會為人類造成影響——
我在此奉勸各位，
在睡前不要上網查
「豬肉絛蟲」是什麼。

是孕婦——弓形蟲可能會對未出生的胎兒帶來傷害）。一般來說，這種寄生蟲就是無聲無息地生活在人體內。

不過呢，假如你是一隻老鼠，讓人意外的不只是你竟然在讀這本書，而且你很可能會死在這個常見敵人的手中。一隻健康的老鼠天生就會躲避並害怕貓尿的氣味，不過感染上弓形蟲病的老鼠則會被這種寄生蟲控制大腦，進而被貓尿的氣味吸引。沒錯，弓形蟲會改變這些可憐囓齒動物的大腦基本運作。受到弓形蟲感染的老鼠就此不再躲避散發著貓尿氣味的地方，反而開始在貓咪經常活動的地方出沒，最終成為飢餓貓咪不費吹灰之力就可以抓到的美味點心。

弓形蟲的旅程並不會在此結束。正如所有寄生蟲一樣，弓形蟲感染其他有機體的唯一目的就是為了生長與繁殖。弓形蟲特別喜歡鎖定老鼠當作目標，以便之後可以進入貓的消化系統，然後在貓的體內成功繁殖，最後再通過貓的糞便排出體外。*老鼠也經常會吃下被弓形蟲感染的貓糞（噁！），如此一來，寄生循環

* 胎兒的免疫系統尚未發展成熟，因此容易因母體感染弓形蟲病而造成嚴重的併發症。孕婦請盡量避免接觸貓的排泄物並記得徹底洗手。也可以試著訓練家裡的貓使用人類的廁所——那是可以辦到的，我認為啦。

就可以持續下去。

希望我們在日常生活中看到的老鼠都會害怕貓咪，畢竟有時候，會怕也是一件好事。

馬鬃蟲

馬鬃蟲（horsehair worm，學名為 *Paragordius varius*）看起來有點像留長髮的朋友來家裡洗澡後，你會在浴缸排水口看到的東西。牠是一種細長又糾結的生物，長度約在十二到二十八公分之間。馬鬃蟲又叫做鐵線蟲，主要分布在北美洲及南美洲的水域，對哺乳動物完全不會造成傷害。然而，這種寄生蟲真正令人煩躁的是牠控制昆蟲大腦的能力。

生活在水下的成熟雌蟲，會在樹枝或岩石等固體表面產下將近一千五百萬顆蟲卵。蟲卵孵化之後，馬鬃蟲的幼蟲就會在水裡誕生，接著被第一個宿主吃掉後就能夠繼續存活。第一個宿主通常是尋找簡單食物的蚊子幼蟲。馬鬃蟲的幼蟲會依附在宿主體內，並以囊包的型態生活一陣子，直到蚊子幼蟲成熟到能夠離開水面飛行。帶著寄生囊包飛來飛去的蚊子很可能成為更大型昆蟲的獵物，諸如蟋蟀、蚱蜢或甲蟲。今天上演的主角是一隻唧唧作響的蟋蟀。

馬鬃蟲的幼蟲有一種非常厲害的本能，就是牠們能夠感知中間宿主（蚊子）被終極宿主（蟋蟀）吞下肚。一旦蟋蟀吃掉蚊子之後，馬鬃蟲的幼蟲就會離開蚊子的身體並進入蟋蟀的胃，接著又離開蟋蟀的胃部，開始在胃與外骨骼之間生活。沒錯，這種寄生蟲會在蟋蟀的器官與外骨骼之間築巢。新居落成之後，馬鬃蟲的幼蟲就會開始成長為最終的細長蠕蟲形態，這種形態可達半公尺長。接著，故事就在這裡變得詭異了。當馬鬃蟲吸取蟋蟀體內的養分時，牠們也開始操控宿主的大腦激素。馬鬃蟲會在宿主體內釋放大量的神經傳導物質，以此干擾宿主大腦所產生的信號，進而完全控制這個生物。

蟋蟀不會游泳，因此會避免靠近水源，以防被淹死或是被魚吃掉。然而，感染馬鬃蟲病的蟋蟀似乎對水無法抗拒，還會不加思索地跳進水裡，接著就是等著被淹死。馬鬃蟲還會藉由改變蟋蟀的大腦激素，讓這個可憐的生物產生趨光性，變得會受到水面反光吸引而爬向有水的地方。當馬鬃蟲感覺宿主開始沉入水中的時候，牠們就會從蟋蟀的身體鑽出來並潛入水中。此時的馬鬃蟲已經成熟，也準備好重新開始另一段生命週期。

現在滿腦子都是毛骨悚然的畫面了嗎？沒關係，不論是蟋蟀或其他馬鬃蟲的宿主也不一定都只有死路一條！一旦馬鬃蟲離開之後，蟋蟀還有一線希望可以上岸，逃離讓人生落幕的水中地獄。九死一生的蟋蟀可以繼續過上平凡的生活，甚至也能像其他健康蟋蟀一樣進行交配與產卵。然而，大多數的情況下，蟋蟀都上不了岸，只有死路一條。

所以說，馬鬃蟲真的是自然世界中最煞風景的一種生物。

毒性

寄生蟲的形狀及大小各異，從微生物大小到跟鳥類一樣的大小都有。無論寄生蟲長什麼樣子，牠唯一目標就是從其他生物身上盜取能量、營養及其他寶貴的資源。這世上仍有些罕見又會影響大腦運作的寄生蟲會對人類造成影響，我在此奉勸各位在睡前不要上網查豬肉條蟲（pork tapeworm）是什麼，不過我們之中的多數人其實永遠都不需要為了這種寄生蟲就醫治療。然而，這並不意味著我們之中的多數人不需要在日常生活中面對另一種潛藏的有毒寄生蟲。

那個人只有在有求於人時才會約你見面？

那個同事總是悲觀地覺得杯子還有一半沒裝滿（而不是已經裝滿一半了）？

那個朋友總是愛比較，只要這個人在身邊就令你緊張不安？

提醒：這些都是寄生蟲般的關係！當然了，沒有人會躲在你的身體裡面生活並吸收你的營養，但是這並不代表這些人就不會對你的生活帶來負面的影響。

正面的感情關係應該讓人感受到關懷與安心，無論是感情上的伴侶、家庭成員，甚至是與雇主之間的關係都是如此。除了讓我們內心感到不安之外，與有毒的人相處還隱藏著其他影響我們生活的方式。怎麼樣才算是寄生蟲般的關係呢？讓我們來好好討論一下：

與這個人相處過後，是否讓你自我感覺變得更糟了？

如同寄生蟲入侵身體時帶來的症狀，自己在見過某個「朋友」或約會對象之後心情卻更糟了，就是一個明顯的警告信號。不過，在我們開始與每一個曾經讓自己感到沮喪的人絕交之前，請先暫停一下。偶爾受到一些批評，或是被朋友們開很爛的玩笑，都不一定是非得結束友誼的理由。所謂有毒的關係，就是當我們發現自己在與某個人互動後，總是會覺得內心忐忑不安。假如我們發現自己經常需要為某人針對自己的負面行徑出聲辯護時，那麼也許就是時候重新評估自己與這個人的關係了。朋友與戀人都應該讓我們在關係中得到良好的感受！如果不是的話，那就不再糾結，向前走吧。

經常擔心自己的決定是否能迎合這個人嗎？

擔心這個朋友會批評你選的餐廳嗎？還有你的穿著？這個人會取笑你的穿著

打扮嗎？如果你分享一篇剛讀到的好文章，這個人會嗤之以鼻嗎？這時候你心裡會覺得沒關係，笑一笑就過去了。畢竟這個人沒有壞意，對吧？

那你就錯了。

質疑的背後如果是支持是一回事，但如果他們經常讓我們陷入揣測，只是為了突顯他們的優越呢？不，這樣不行。品味、興趣與抉擇，是構成每個人性格的要素。一個在各方面都要評判你的人說穿了就是個寄生蟲，必須從生活中根除。

你的朋友愛嚼舌根嗎？

你的身邊是否有這麼樣的朋友，總是在告訴你誰誰誰的感情搖搖欲墜？或是只要當事者一走開，就立刻轉身說那人的壞話？這就是愛嚼舌根的朋友。

對於這種愛嚼舌根的人來說，周遭沒有人是免疫的。

儘管聽到別人的八卦會有種帶著內疚的快感，但是別以為你人不在的時候，就不會成為別人八卦的對象。

正面的感情關係應該
讓人感受到關懷與安心，
無論是感情上的
伴侶、家庭成員，
甚至是與雇主之間的關係
都是如此。

無法保守祕密是一個人不值得信賴的終極指標，而當你無法信任一個朋友時，時間與精力這樣的寶貴資源就變成一種成本了。

有治療寄生關係的方法嗎？

好在這種情況通常都是有解的。首先，與對方開誠布公地談一談——記住你是想改善這段關係，而不是終止兩人的情誼。不過，我並不是在說這會是一件簡單的事情。你與這個人要麼就是共同解決眼前的問題，一起努力邁向更健康的關係；要麼就是認清無法認同彼此，然後結束這段有毒的友誼。後者並不是什麼理想的情境，不過千萬不要忽視任何人與事在你心中留下的影響，這麼做只會讓結果更糟糕。

THE

WOMBAT

袋熊

袋熊是澳洲原生動物，
看起來就像是更高大威猛的天竺鼠。

向可愛的袋熊學習

拉屎誰不會？
創意才是讓屎變得特別的關鍵。

袋熊是無尾熊的近親，同樣是有袋類動物，幼仔出生之後會待在育兒袋六到七個月的時間。然而，這可愛又平凡的動物卻有一個困擾科學家數十年的謎樣生活特徵，一直到近年才得到解答。

袋熊糞便之謎

排便——這檔事重要到擁有專屬的 emoji 表情符號，而人類也會訓練寵物與孩子正確的排便方式，其背後甚至承載著一個市值二十億美元的衛生紙產業。

話雖如此，科學界對袋熊糞便的癡迷也不是沒有道理的，畢竟袋熊是地球上唯一被發現糞便呈方塊狀的生物。是的，你沒看錯：方塊狀的，就像骰子、魔術方塊、威士忌小冰磚那樣。這些都是描述袋熊糞便形狀的好例子。

那麼，究竟袋熊是如何排出讓科學界直到二〇一八年都無解的方塊狀糞便呢？最初科學界的假設是，袋熊的排泄物「出口」就是方塊狀的。然而，呃，就在進一步的觀察之後，證實這個假設不成立。

這個謎團也引起一群北美科學家的興趣，於是他們從澳洲空運枉死路邊的袋熊屍體到美國研究（試想打開包裹時的情景）。他們解剖屍體之後，便將袋熊的腸子灌氣以觀察腸道的真實形狀。人類或豬的腸子在充氣時都是呈現光滑、圓型又勻稱的形狀，而袋熊的腸道在充氣後則呈現不規則的形狀，甚至可以看見明顯的凹槽──想像枕頭隨著時間被壓縮成其他形狀的樣子。

正因為袋熊的腸道形狀並不規則，所以糞便在腸道前進時所受到的壓力也並不平均。這些科學家發現，袋熊的糞便之所以會呈現方塊狀，就是因為這種不規則腸道壓力使得糞便在腸道內形成有稜角的形狀。儘管科學家仍然不確定方塊狀的糞便能帶來什麼好處，不過其中有一種比較普遍的說法就是：方塊狀的糞便有助於袋熊標記所屬的領地，因為方塊狀的糞便不像球狀糞便那樣容易到處滾動。

自然界中有兩件事是不爭的事實：所有生物都有繁殖的能力，以及所有生物都會排泄（除了毛囊蠕形蟎之外，不過這又是另一個故事了）。袋熊的糞便其實沒有什麼特別之處，不過引人注目的是那方塊形狀改變了我們對糞便應該是什麼樣子的通常看法。

然而，我也必須坦白地說，說穿了那也還是一堆糞便。不管形狀如何與眾不同，也不會神奇到讓那堆糞便變成黃金。

人類的想法也是一樣的道理。我們常常聽到「聰明的腦袋」可以用一個想法改變世界，或者說有些人「天生就很有創意」。這種說詞不僅讓人洩氣，而且根本不正確！諸多研究一再地證實，創造力是隨著時間發展而來的，也不是特定某些人專屬的能力。

我們說的並不是每個人天生都擁有一樣的才華，只是就像任何能力一樣，才華都是必須藉由培養及發展後才能成就的事情。我們的創造力與產出，都是環境與個人經驗的結果——而不是某些人類專屬的神祕力量。

當今社群媒體的聲量世界中，我們很容易誤以為獲得大量關注的人或事物，是某種革命性的存在。然而，外界存在著很多噪音，不要讓這些噪音成為創造與嘗試的阻礙。

如果覺得自己「沒有足夠的天賦」或「不夠有趣」，因此無法動手經營時尚部落格或抓住某個商機，請記住一個重點：

作。

不要不停地與他人比較。天生我材必有用，訣竅就是放手以自己的方式去創

賈伯斯曾經說過一句有名的話：「一旦我們領悟一個簡單的事實，生活就會變得更加開闊：你身邊被你稱為生活的一切事物，都是由那些不比你聰明的人所造就的。」

THE

SLOTH

樹懶

在動物世界中，
樹懶被公認為動作最慢的哺乳類動物。

向被人類誤會的樹懶學習

放慢步調並不是一種缺點，
畢竟路遙知馬力。

每當我們提起樹懶時，通常是與懶惰相關的話題，又或是除了烏龜以外、另一種用來罵人的創意用語。

樹懶平均每天移動三十八公尺，大約是每分鐘一點八公尺。相比之下，人類平均每分鐘行走八十二公尺——遠比可愛的樹懶朋友快上四十五倍之多。這些數據確實看起來對樹懶不太有利，不過如果撇除生活節奏並仔細觀察樹懶的生活型態，我們會發現這種行動緩慢的動物有更多值得關注的地方。演化讓樹懶得以在地球上（一樣這麼緩慢地）存活了將近六千四百萬年，也確保樹懶生活資源的持久性。

樹懶的基礎代謝率是所有生物中最低的——一隻樹懶需要花上一個月的時間，才能完全消化胃裡的食物。牠們甚至可以刻意降低基礎代謝率，好讓自己能夠在水裡游得更好，因為這樣的基礎代謝率讓樹懶在必要時，可以在水下閉氣長達四十分鐘。樹懶的緩慢節奏也讓自己成為本地生物的活生態系統*，諸如菌類、

---

* 科學家曾在同一隻樹懶身上發現超過九百種不同的生物種類。

讓自己有機會放空一下——

放下手機。

蟎蟲、飛蛾，甚至一種能夠為樹懶提供完美掩護的藻類，保護樹懶躲過掠食者的威脅。

雖然我們的電子設備在節能模式下的性能，從來不如螢幕亮度全開時那樣出色，不過有時，降低性能對節能來說卻是相當重要的一件事。儘管我們可以在白天卯足全力工作，但是終究要面對燃料耗盡的時候。樹懶之所以行動緩慢，是因為牠們必須這樣維生，但對人類來說就不是那麼簡單的事情了。人類社會中，請幾天假或回絕出席活動都會遭到汙名化。我們在 Instagram 限時動態上宣稱睡得很飽與經常敷臉是一種「自我保健」，然而想要收穫節能模式帶來的益處，那我們就得付出比這些短期方案更多的努力。以下列舉兩種放慢步調並且能夠真的節省寶貴精力的方法。

冥想

以放慢步調來說，冥想是很棒的方式，因為冥想會強迫我們把專注力從腦海中閃現的諸多思緒中抽離。冥想不一定是那些網紅與「大師」形容的那種陳腔濫調的新時代體驗。我們只需要在床上或任何感覺平靜的地方靜坐十分鐘，就可以收穫冥想的益處。

開始冥想的時候，首先要找到一個自在舒適的坐姿，不管是坐在椅子上或地板上都可以。不需要擔心手該放在哪裡這類枝微末節的事情——這不是在拍形象照片。重點是要感到自在舒適。鬧鐘設定十分鐘，接著開始專注在調節呼吸，眼睛可以閉上，也可以睜開。再強調一次，自在舒適與內心平靜才是冥想的重點。

挑戰自己每天冥想十分鐘，然後持續七天。當第一週結束時，我們可能已經開始感覺不一樣了。長遠來看，冥想不僅可以提高專注力，也可以優先保護身體與精神的能量——等於直接借鑑樹懶的生活方式。

控制螢幕成癮

十分鐘聽起來沒有很久——那先試試強制自己在這段時間內不能使用手機。

試試看就知道了：先在手機上設置計時十分鐘，然後把手機放在另一個房間。多數人很可能會在前三分鐘就開始感到煩躁焦慮，或是出現錯失恐懼症（FOMO，全稱為 Fear Of Missing Out）。

當今科技設備提供出色的效能讓我們與社群保持聯繫，然而過度聯繫也是一種問題。我們可能覺得睡前隨意地上網看看是一種「放鬆」方式，但實際上這種習慣讓我們的大腦在應該放鬆時卻處於超過負荷的狀態。這樣的狀況如果持續下去，就會導致嚴重的睡眠問題，甚至可能引發焦慮。

讓自己有機會放下手機，放空一下腦袋。放慢生活的步調，不需要立即回覆訊息或電子郵件。當你在網絡上看到一個奇怪的問題，然後就覺得必須立刻搜尋答案嗎？真的不急。不如先把問題寫在紙上。心裡開始感到不安，想要找點事情來做嗎？那就去散步吧！這也是內心焦慮時對大腦最有幫助的事情之一。

THE

OYSTER

牡蠣

噢，偉大的珍珠之母！

向智慧如珍珠般的牡蠣學習

逆境中往往才能看見最美的風景。

牡蠣最為人所知的應該是牠們生產的乳白色珍珠，不過這種水底生物每小時可以過濾高達近五公升的海水並幫助保持海洋清潔，對生態系統貢獻良多。

珍珠贏得奢華美名的歷史可以追溯到數千年以前，比如古印度教的文獻中就曾提到神明身上佩戴著這種珍貴的珠寶。在近代歷史上，高貴長袍也曾繡著珍珠，甚至在皇室成員頸上及皇冠上也能看見珍珠的蹤影。

關於珍珠形成的理論，雖然並非以奢華聞名，不過卻也是十分優雅。首先，我們先要澄清一些關於珍珠形成的常見誤解：

1. 牡蠣並不是唯一能生產珍珠的生物。但凡是有殼的軟體動物，像是海螺、蛤蜊、貽貝和鮑魚，都能生產珍珠。然而，人類卻認為其他生物所生產的珍珠遠不如牡蠣的天然珍珠寶貴。

2. 珍珠並不是跑進牡蠣的沙子所形成的。

讓我們進一步探討第二點。牡蠣會在沙子出現的情況下開始生產珍珠，不過珍珠並不是由沙子本身累積而成的。珍珠的形成始於牡蠣的外套膜受到損害。外套膜是環繞牡蠣器官的那個部分：當我們打開牡蠣時，就可以看到邊緣處的外套

心裡覺得猶豫的時候
就向牡蠣學習——
繼續向前游，勇往直前。

膜就鋪在內殼上。

珍珠的生成其實是牡蠣體內的一種免疫反應。任何外部攻擊、寄生蟲出現，或是有機物，都有可能對外套膜造成損害，進而觸發珍珠的生成。這種免疫系統反應就類似於我們的臉部因為細菌或油脂而開始長痘痘，又或是白血球會包圍侵入人體的異物。當牡蠣感覺外套膜受損之後，就會開始分泌一種由霰石及貝殼素所組成的物質，稱為珍珠質，又或是更常見的稱呼——珠母。

珠母就像巧克力球裹糖衣一樣，一層又一層地堆疊，牡蠣會以一層珍珠質覆蓋外套膜受損或寄生蟲出現的部位，接著再覆蓋一層，又一層，再一層，然後又……這樣大家就懂了吧。這個部位會不斷地被珍珠質覆蓋，直到形成一個小團並且完全包覆住受損的部位。這個過程會持續數年，直到有人發現了這顆牡蠣，打開之後看到了一顆小小的珍珠質球，也就是所謂的珍珠，而這顆珍珠質球完全覆蓋了牡蠣的受損部位。

牡蠣生產珍珠的故事告訴我們如何在痛苦或困頓中創造美好的事物。當我們在生活中經歷困境時，像是失去親人或健康出現問題，我們一開始都會想要退縮，然而重要的是讓自己有時間去思考這一切對於未來的意義。

心理學家發現，我們在經歷困境時可以發展出重要的應對策略。比起那些未曾遭遇困境的人來說，這樣的經歷能幫助我們更好地面對挫折。

那麼，一個人在失去「往好處想」的應對能力之前，顯然對於承受挫折的程度是有限的。畢竟，致命的寄生蟲會造成的結果並不是一顆珍珠的誕生，而是一顆病死的牡蠣。因此，我們不知道究竟遭遇多少次挫折是可以接受的，也不知道遭遇幾次挫折就會造成永久的傷害。因此，每當心裡覺得猶豫的時候，我們就向學習牡蠣：繼續向前游，勇往直前。

THE

BIRD

鳥類

那是一隻鳥！那是一架飛機！
那是……喔，對耶，那是一隻鳥。

向足智多謀的鳥類學習

團結才是力量。

世界上大約有一萬八千種不同的鳥類，我們抬頭看見鳥的機會遠比看見飛機要來得高。鳥類是我們童年時期最早熟悉的生物之一：身上有羽毛，多數都會飛，而且有鳥喙。我們看著鳥兒在戶外啼唱，也會將五彩繽紛的種類當寵物飼養，時不時也會在我們的餐桌上出現。從企鵝到鸚鵡，鳥類之間也往往存在著不可思議又微妙的差異。

烏鴉

不，我們要說的不是美式足球裡的巴爾的摩烏鴉隊，而是美國詩人愛倫坡（Edgar Allan Poe）的鳥類謬思。烏鴉以聰明伶俐及高度社會性著稱，機智到激發J．K．羅琳以烏鴉為霍格華茲的一個學院命名。（在《哈利波特》的世界中，雷文克勞〔Ravenclaws〕學院以聰明、富有創造力與機智著稱，就如其名所示。*）

---

* 我並沒有針對任何霍格華滋學院毛遂自薦。很多線上答題測試都說我是赫夫帕夫學院的。

烏鴉在野外是投機取巧的覓食者，意味著烏鴉在飲食選擇上相當有彈性，任何可以填飽肚子的食物都可以接受。如果發現一隻小型的囓齒動物，那就可以飽餐一頓。如果換作是樹上的漿果或水果，也一樣可以填飽肚子。烏鴉經常在找到食物後，就將食物藏在周遭環境之中，以便稍後食用。不過要是烏鴉把食物藏到很遠的地方也不需要覺得奇怪，畢竟烏鴉也以竊取其他烏鴉藏匿的食物而惡名昭彰，飛得更遠只是為了確保可以將食物藏在最安全的地方。

事實上，烏鴉不僅會監控其他烏鴉並盜取牠們的珍貴食物，烏鴉還會製造假的藏匿點來欺騙其他烏鴉。設置誘餌對烏鴉來說是有效的策略，一部分原因就在於烏鴉有著驚人的記憶力，能輕鬆地找到食物的藏匿點。

說到社交，烏鴉不像火鶴或鵝那樣習慣過著群聚的生活。事實上，烏鴉擁有強烈的領地意識，任何威脅領土資源的其他鳥類都會讓烏鴉變得非常有攻擊性，尤其是涉及到窩裡的蛋時會更加強烈。

然而，令人驚訝的是，烏鴉偶爾會與其他野生動物合作。以下兩個例子就與狼與蜥蜴有關。

美國於一九九〇年代重新將狼群放生到黃石國家公園（Yellowstone National Park）之後，研究人員觀察到狼群的獵物有將近三分之一都是被烏鴉吃掉的。然而，狼群卻不會攻擊烏鴉，也沒有試圖躲避烏鴉，反而會與這種狡猾的鳥類合作。此外，研究人員還觀察到，一旦烏鴉發現受傷或虛弱的動物時就會發出呼叫，引導狼群前往獵食。

為什麼烏鴉會幫助狼呢？當然是為了自己的利益啦！烏鴉不僅會引導狼群獵殺下一個目標，也會將狼群引導到已經死亡的動物旁邊，因為狼可以咬斷骨頭與肉，而那是烏鴉憑著鳥喙無法做到的事情。烏鴉幫助狼，是為了自肥——這很合理。不過另一個更令人驚訝的現象是，烏鴉也會引導其他烏鴉去吃較大型的食物來源，像是麋鹿的屍體，這樣一來大家都可以填飽肚子。

這種結盟合作的行為看起來可能很奇特，畢竟烏鴉很少幫助其他同類（還記得牠們會盜取彼此的食物嗎？），不過這使得牠們在食物短缺時能相互依賴。

不，我沒有打錯字：埃及棘尾蜥（*Uromastyx aegyptia*），我們通常也會稱作埃及刺尾蜥。這是一種生活在乾燥的阿拉伯谷（Arava Valley）的蜥蜴。褐頸渡鴉（brown-necked raven）就是捱著埃及刺尾蜥生活的鳥類，這種烏鴉已經發展出一種在獵鷹族群中常出現的狩獵行為：合作狩獵（cooperative hunting）。這種狩獵行為的成功機率比單獨狩獵要高得多，而褐頸渡鴉也已經學會怎麼藉此占盡便宜。

當蜥蜴離開洞穴並開始探索周遭的世界，尚未意識到生命即將走到盡頭時，烏鴉們就已經開始倒數了。兩隻烏鴉會高速向地面俯衝並封住蜥蜴洞穴的入口，就此切斷蜥蜴躲回地底的退路。其餘的烏鴉就會隨即衝下來啄死無處可躲的蜥蜴，豐盛的團膳就此到手。

褐頸渡鴉這樣的狩獵方法，是近幾年才在阿拉伯谷的兩個特定地區被研究人員發現，因此科學家認為這些鳥類如果不是彼此學習的話，那就是由少數成年烏鴉傳授這種合作狩獵的方式給幼鳥。不管是哪種情況，埃及棘尾蜥正面臨著先祖從未碰上的挑戰。

尖尾侏儒鳥

這世上最名副其實的助攻手，就是分布在熱帶中美洲與南美洲的雄性尖尾侏儒鳥（lance-tailed manakin）。這些鳥類是動物王國中少數採用「合作求偶」（cooperative sourtship）這種罕見繁殖策略的物種之一：同一物種的雄性合作說服單一雌性動物認為這群雄性動物中存在著她的真命天子。假如這讓你想起週五晚上與朋友們一起出門玩的情景——沒錯，就是這樣。

兩隻雄性尖尾侏儒鳥會一起合作，其中一隻是阿爾法（Alpha）領袖，另一隻則是貝塔（Beta）助攻，這兩隻鳥會像青蛙一樣上下跳動地跳求偶舞，目的是要吸引雌鳥注意。貝塔助攻最終會飛走，留下阿爾法領袖繼續跳舞，並等待雌鳥邀請阿爾法靠近。

雄性尖尾侏儒鳥的合作求偶行為之所以特別，就在於這兩隻雄鳥會保持多年的合作關係，並與不同的雌鳥交配。那麼，為什麼雄鳥要組隊跳求偶舞呢？

兩種主流的理論為：

1. 一群雄鳥比單隻雄鳥更能夠有效壯膽，更容易吸引雌鳥的注意。
2. 幫助阿爾法領袖找到伴侶，也會提高貝塔助攻盡快找到伴侶的機會。

不是每個人都適合採用合作求偶的方式，不過這至少表明了擁有一個好朋友的路長情更長。

同舟共濟

讓我們回到原點，再次檢視前述故事：烏鴉在生活條件變得艱難時會選擇合作，而尖尾侏儒鳥則會組隊尋找伴侶。這兩種鳥類都選擇在追求目標時與其他同類合作，因為牠們知道，合作不僅更省力，從長遠來看也是明智的選擇。

當今文化中經常充斥著「努力賺錢」與「白手起家」這樣的訊息，我們也往往忽略了這些詞語是如此廣泛出現；坦白說，我們也忽略了這些訊息可能帶來的誤導。這兩個詞語都暗示著要單槍匹馬為某個目標努力。但實際上，舉凡社會上的成功企業家、領袖與任何產品的創意，都是各方建議與指導下的產物，尤其重要的是主動尋求而得的建議與指導。

無論是鳥類或人類之間的合作，都意味著我們要在需要時尋求協助，同時也在他人尋求協助時提供幫助。尋求協助並不是在示弱。事實上，尋求協助才會讓我們變得更強大，並且引導我們達成最終的目標。培養人際關係並尋求能夠幫助你接近目標的導師，是非常重要的一件事。職場上能找到自己可以信任並尋求協助的同事尤為重要。知道如何尋求協助，決定我們工作上的成敗——特別是當我們期待可以晉升到領導職位的時候。

無論是參加相親，或是想知道如何獲得升遷的機會，實現目標的第一步就是承認自己需要幫助，同事們也都清楚求助並沒有什麼不對。人類作為自然界中最具社會性的動物之一，我們一直都在經營團隊合作：為了彼此共同努力。

THE

ELEPHANT

大象

大象除了是世界上體型最大的陸生哺乳類動物，
還擁有卓越的競選能力。

向貼心的大象學習

真正的領導力是爭取而來，
而非他人賦予。

原因當然不是大象天生擅長籌措競選資金（有人要來點大象獻金嗎？）。關於領導能力，大象還真的有一兩把刷子。

大象是母系社會的動物，身為領袖的母象人選不是透過打鬥或血統而定，而是必須贏得家族其他成員的尊重才能成為領袖。

然而，對於大象來說，贏得尊重又意味著什麼呢？獲得象群的尊重代表著那是一位一次又一次做出明智決定的家族成員——無論是有辦法照顧最多幼象的那一位，還是擅長為象群挑選出米其林等級最佳覓食地帶的那一位。

在人類的世界中，領導能力通常是藉由展現能言善道的口才，或是獲得最多支持者選票而定。不過，大象的世界卻與人類不同：在象群世界中，領導能力並非一種掌握權力的方式。象群反而將領導者視為家族中最能夠肩負起愛心、信任與長期目標的能者。

象群中的母族長形塑了家族日常運作的模式，例如決定要將哪些生存戰術與技能傳授給小象，進而形塑象群的未來。即使是進食這樣的日常，也高度建立在這樣的信任關係之上。假如有任何一隻大象不同意母族長選擇的進食地點，那麼牠就會暫時與象群分開，之後再自己回到母族長身邊。這聽起來似乎無關緊要，不過一旦頻繁地與象群分開，久而久之就會讓落單的大象成為掠食者攻擊的獵物，或者更糟的結果就是與家族脫鉤。

象群的母族長必須展現牠們透過經驗獲得的智慧，以及將象群的需求放在第一位，還有純粹的無私精神，才能贏得領袖的地位。

THE

WOOD FROG

木蛙

儘管名字如此平凡無奇，
木蛙可非等閒之輩。

向冷酷的木蛙學習

懂得保持冷靜沉著的方法與時機，
方能更進一步。

木蛙讓低溫物理實驗在大自然世界取得成功，這種兩棲動物因為揭露蛙類在冬季諸多行為的祕密，吸引了科學界的注意。

木蛙主要棲息在加拿大及其以北至阿拉斯加的森林地中，也是現今已知唯一生活在北極圈以北的蛙種。木蛙是兩棲動物，所有蛙類也都是冷血動物——這意味著牠們沒有調解體溫的生理機制，而是依據周圍的空氣或水來調節體溫。那麼，木蛙是如何在這樣的氣候條件下不被凍死的呢？

多數蛙類都會在水底或地底下過冬。由於水體的熱力學特質，池塘或湖泊的表面溫度總是比底部低。因此，蛙類及其他兩棲動物選擇在冬天時待在池塘底部，是比較安全的選擇。有些蛙類會躲進哺乳動物的地下舊巢，不然就是用泥土將自己包裹起來——只是，這些蛙類就比較容易被獵捕者發現了，因為牠們為了不讓自己由於完全埋在地底下而窒息，藏匿的地方就多少需要有通風口。

那麼木蛙呢？既然是當今唯一能夠存活在緯度這麼高的的蛙種，勢必就有什麼可以度過寒冷冬天的特殊妙招。答案要揭曉了喔！木蛙在冬天降臨時會讓自己凍死，等到春天到來時重新復活。

假如你偶然在野外發現一隻結凍的木蛙，你可能也認不出來——你會以為那是一塊石頭或結凍的土塊。結冰的木蛙摸起來又硬又冰，而且完全沒有反應，直到開始解凍幾分鐘之後——木蛙的眼睛就會睜開，心臟也開始跳動，然後開始呼吸。

其實，這樣變得像殭屍的木蛙並不是真正的殭屍，就算心臟沒有在跳也不是。在冬季，木蛙的身體有百分之七十是結凍的，而某些器官則完全由尿素及葡萄糖環繞的細胞保護著。科學家尚不確定木蛙的心臟是如何「復活」的，不過他們希望有朝一日能破解並以相同的方式復活人類組織。

比起其他蛙類在水下冬眠，木蛙這樣凍死自己的機制又有什麼好處呢？主要是，藉由凍結身體，木蛙可以在繁殖這方面搶得先機。因為比起其他蛙類的棲息地，像是大多數的池塘、湖泊與河流，木蛙在這些水域解凍之前就已經復活了。這使得木蛙能夠在其他蛙類恢復活動之前，就在沒有資源競爭的情況下搶先進行繁殖！

此外，木蛙還可以在春分的池塘中產卵——這些池塘的水源都來自春天與夏天的融冰，因此都是季節性的水域。木蛙在春季的池塘中產卵最為安全，因為這種水域裡通常沒有魚類。提早解凍復活的木蛙，如果沒能捕到蟲子當食物，至少也能最先占領最佳的繁殖地。

對於木蛙來說，冬眠時會確實凍結身體的運作機制，為牠們在重返日常生活時帶來了明顯的優勢。根據二〇一七年的統計，美國有百分之六十六的人即使在度假時也不會放下工作——沒錯，就算只是「看一下」公司郵件也算是工作。我們之中有許多人即使在下班後也不會停止工作，結果就導致工作倦怠、疲勞，以及造成嚴重的心理壓力。

我們到底是為什麼在週末也放不下工作呢？更糟的是，連在度假期間也放不下呢？答案顯然就是壓力。另一個不太顯著的答案，則是缺乏計劃的能力。

木蛙在冬季來臨之前，會找到一個隱密的地方讓自己結凍。我們人類沒有辦法像木蛙那樣輕易地將自己與工作隔離。不過，要做的其實只有簡單幾件事：

關閉手機上的工作通知——剛開始關閉工作通知時，會有所謂的「錯失恐懼

症」，這種反應完全正常。記住這件事，好讓自己不慌張：任何工作相關的緊急事情，都不會透過電子郵件或聊天軟體通知。真正要緊的事情都應該會以電話通知，或是至少傳個簡訊告知你。將手機預設為離線狀態，好讓身體與大腦獲得適當的休息。

下班／度假之前，打理好公司同仁的心理預期——即使沒有所謂的「錯失恐懼症」，我們也可能會說服自己，偶爾查看一下工作通知也沒有什麼關係，而且這樣可能會讓同事覺得自己「挺可靠的」。然而事實是，如果我們都已經告訴公司同仁自己不會回覆，結果卻又繼續回覆工作相關的訊息，那我們就在親手為這份工作立下不切實的期望，而且會持續到我們離職為止。不僅如此，如果我們的心也從來放不下工作，那麼就算身體離開辦公室又有什麼意義呢？打理好公司同仁的心理預期，然後讓自己接受這樣的想法：就算不在公司，天也不會塌下來。

木蛙藉由讓自己冷靜下來而取得生存優勢的機制其實並不瘋狂，只要我們好好記住在人類世界中，不善加利用假期休息反而會讓我們更容易倦怠、降低升遷的機會，甚至會提高罹患心臟疾病的風險。不僅如此，懂得適當地按下暫停鍵，我們的人際關係也會因此獲得改善。

THE

OCTOPUS

章魚

首先，我們要釐清一下章魚 octopus 在英文裡的複數型，
就是字尾加上 es，變成——
O-C-T-O-P-U-S-E-S。

向千變萬化的章魚學習

弄假直到成真，終將大功告成。

姑且不去追究「章魚」一詞在古希臘語及古拉丁語中關於字根的語法變化，大家就相信我一次，好好享受這個事實，這個令人震驚卻很酷的事實。

這世上有超過三百種章魚，從幾公分長的章魚到近十公尺長的都有。我們會將討論重點放在擬態章魚上，牠們可是全世界自神偷卡門（Carmen Sandiego）以來最難以捉摸的角色之一。章魚通常被稱為「海洋中的變色龍」，所有品種的章魚都可以大幅改變皮膚紋理及顏色，而擬態章魚還更勝於此，竟然可以模仿其他海洋生物的動作與行為。

根據研究觀察指出，擬態章魚大約可以模仿十五種其他生物的行為與動作，從海蛇到多種魚類都可以。擬態章魚擁有絕佳的變形能力，不僅可以騙過掠食者，也能騙過獵物。

以下列舉幾種擬態章魚能夠模仿的動物為例：

海蛇：擬態章魚模仿有毒海蛇的方式，就是將皮膚變成海蛇經典的黑白條紋，接著鑽進海底並伸出兩隻觸腕四處漂動，這樣看起來就像一條長長的海蛇。

獅子魚：這種魚為什麼要叫做獅子魚其實不得而知。最主要的兩種說法，一是牠四散的尖銳魚鰭看起來就像是火爆獅子身上矗立的鬃毛，二是牠的毒液會帶來相當猛烈的後果。不論是哪種說法，擬態章魚在模仿張牙舞爪的獅子魚時，就會在開放海域將觸腕一張一開地在海裡游著。如果不仔細看，擬態章魚身上的花紋與肢體動作看起來就像一條落單的獅子魚在海中快樂地游來游去。

比目魚：擬態章魚最具代表性的模仿佳作應該就是比目魚了，這種魚就像地面一樣平坦，而且只沿著海床游動。比目魚的顏色幾乎和沙子一樣，可能帶有毒性的比目魚就這樣完全融入周遭的景象之中。擬態章魚會將身體折疊成比目魚的形狀，然後依著海底將身體推進。擬態章魚不僅改變了自己的行動方式，甚至改變了皮膚顏色來融入海底背景色。

擬態章魚經常模仿的動物，都有著一個共同點：多數都是有毒的，或是擁有某種章魚生來欠缺的防禦優勢。章魚透過模仿這些比較沒有機會被攻擊的動物來保護自己，進而躲過那些將章魚視為美味下午茶的掠食者攻擊。換句話說，這就是「弄假直到成真」。

從冒牌者症候群（impostor syndrome）[*]到缺乏自信，我們都經歷過需要藉由他人打氣、甚至「喝酒壯膽」來振奮士氣的時候。然而，這些方法都是暫時的。我們在面臨其他重大人生時刻來臨之前又該怎麼辦呢？重要的演講之前，面對面跟那個人打招呼之前，甚至執行重大任務之前，弄假直到成真，絕對是值得的。

多數事情都是知易行難，不過這裡提供兩種簡單的方式讓我們轉換心態。

想不到吧？其實大家也都在裝模作樣

我們有時候會覺得身邊的每個人都彷彿都散發著自信的光采，不過一旦我們開始坦然接受自己內心的不安之後，也許這一切看起來就會不一樣了。不論是那個總是應對得宜的同事，或是在聚會中一向從容不迫的朋友，甚至是名流都一樣！每個人都會有侷促不安的時候。主持《深夜秀》（*The Late Late Show*）並榮獲

* 冒牌者症候群是一種心理狀態，患者總是懷疑自己的成就，總是覺得自己其實是騙子。

艾美獎肯定的搞笑主持人詹姆斯・柯登（James Corden）曾經公開表示：「我也有可能失業，這個念頭我每天都有。」

某些時候，我們真的需要弄假直到成真。這並不意味著虛偽。面對欠缺自信的時候，我們內心會有種想要改進的衝動，希望塑造出一個更有自信的自我。例如，當我在撰寫這本書時，每次我坐下來提筆想要談某種小動物，我都試圖想像自己正與「鱷魚先生」史帝夫・厄文（Steve Irwin）在某個超酷的森林裡閒逛，又或者想像自己正被頒發普立茲獎——而不是坐在辦公桌前絞盡腦汁想要吐出幾個英文字，然後一邊吃著牛奶麥片。

放輕鬆，你並不孤單。

打扮成心中幻想的那個角色

不，這並不代表我們可以假扮成警察。

回想一下穿上自己最喜歡的那套衣服時是什麼感覺？試著在腦海中將這種正

面積極的能量，注入到那些讓我們感到緊張不安的事情上。我高中時，有個朋友在參加大學入學 SAT 考試時穿上正式套裝，因為她覺得那樣的裝扮可以提高她的專注力與自信心。她考得好嗎？當然很好。我則是穿著我每天睡醒時穿著的那條運動褲，因為那是讓我最能感到自信的自在裝扮。結果我也考了高分嗎？這個問題就讓史帝夫．厄文與普立茲獎評選委員會來回答吧……

這種就是類似「心理作用」的感覺，不過當你感覺自在的時候，這種自信就會是轉化為行動的推動力。不敢去健身房？那就換上一套讓自己看起來像是健身達人的服裝。不敢在公司會議上提出自己的想法？那就換上那套讓自己看起來很有企業家風範的服裝。

讓自己感覺像在扮演某個角色的服裝，也可以幫助自己獲得來自該角色的助力。不過我得再次強調——最好是要在合法的範圍內。

章魚藉由偽裝成不同的生物來躲避獵食者，而我們也可以從中汲取靈感，每當自信心不足的時候，那就弄假直到成真。

THE

AVOCADO TREE

酪梨樹

多數人都喜歡吃酪梨，
這種綠色的水果（沒錯，是水果），
竟然也成為了某個世代的象徵。

向誘人的酪梨學習

改變環境的一小步所帶來的影響，
正是生長或滅絕這樣天差地遠的結果。

酪梨在我們的生活中無處不在——吐司三明治、酪梨醬、手機殼上、Instagram 動態，以及各式各樣我們可以想像到的沙拉之中。日常生活沒有酪梨的世界已經很難想像了，其奶油般的綿密果肉與高營養價值都在我們的靈魂烙下了痕跡。然而，我們眼前的現代酪梨背後，隱藏著一個關於生存、進化，以及否極泰來的故事，因為和藹可親的酪梨其實早在一萬兩千年前就該絕跡了。

更新世時期（Pleistocene Era），也就是最後的冰河時期，結束於一萬一千七百年前，當時一群被稱為「巨型動物」的龐然怪物正活躍於地球上，其中包括體重可達四噸的大地懶（*Megatherium*）與體型像一輛小型汽車的雕齒獸（*Glyptodon*）。而此時，位在現代的中美洲地帶，酪梨正因為這些巨型動物而逐漸繁盛。

酪梨樹要開枝散葉，條件上就是需要透過某種方式將種子傳播到其他地方，以便生長出更多的樹木。成熟酪梨的種子從樹上掉落後，若沒有被運送到其他地方，就不會長成茂盛的新酪梨樹，因為酪梨樹需要大量日曬才能茁壯。如果種子落在現有果樹的附近，那麼陽光就會被其上的樹木遮蔽，無法照到足夠的太陽。

那麼，酪梨種子是如何被運送到日曬充足的開闊地上呢？答案就要從史前大地懶與巨型動物的糞便開始解密。史前大地懶會吃掉整顆酪梨，而且種子可以順利地通過其消化道。接著當這些大地懶在野外吃草時，肚子裡的種子就會在離原始酪梨樹很遠的地方「卸貨」——從這些「貨物」之中，就能發現酪梨種子。

然而，當更新世時期結束時，多數這些生物也隨之滅絕。沒有這些大型哺乳動物吃下整顆酪梨，其種子就無法被廣泛地傳播，新酪梨樹也無從茁壯生長。

請下音樂，好戲要登場了。

照理來說，上一個冰河時期的結束本該意味著酪梨的滅絕。

那麼，我們現在能平均每年吃掉四十億顆酪梨的日子到底是怎麼來的呢？到底還有誰有這般干預大自然的優越能力呢？那就是人類啊！

大概就在大地懶滅絕的同時，人類已經試圖發展農業。我們的祖先也與現代人一樣喜歡這種綿密多肉的水果，進而決定要自己來栽種酪梨！酪梨種子就這樣突然不再需要透過大型動物的運送，就能在開闊地帶開枝散葉——變成由人類親手栽種及培育。

照顧自己，
就意味著去尋找那些
激勵我們朝著未來夢想
前進的機會。

一開始，環境的改變使得酪梨樹面臨絕種的風險，不過當人類將酪梨的命運領向新的方向之後，酪梨的生存情況就開始得到改善。酪梨被稱為「演化的幽靈」，是生存與演化的反常現象。即使少了大地懶完美的消化系統帶來的優勢，另一種精心策劃的新環境，也使得這種樹木及其果實得以在冰河時期之後繼續存活。

我們幾乎就和酪梨樹一樣，是環境決定了我們的存亡與否。我們身邊可能圍繞著完全支持我們（及我們的目標）的人，也可能圍繞著那些根本不知道我們的存在的人。無論是哪種情況，這些人都會對我們的情緒及未來帶來重大的影響。照顧自己，就意味著去尋找那些激勵我們朝著未來夢想前進的機會，而這也意味著要重新思考自己的交友圈。

想要達成健身的目標嗎？那或許該是時候放下依賴速食生活的朋友們，並開始另闢新的朋友圈了。想要轉行嗎？尋找一個激勵自己的環境，這樣的變化大則要搬到另一個城市，小則是讓自己周遭充滿新行業的專業人士也行。不管我們選擇哪種方式，無論任何改變都需要某種形式上的環境改變。

我們都體驗過那種只要換套衣服，或者走出房間，就能改變心情的時刻。那麼想像一下，這樣的變化以更大、更具影響力的規模發生的樣子！關愛自己的第一步，就是承認並接受環境的改變。

THE

NIGHT-BLOOMING CEREUS

曇花

紅玫瑰、紫羅蘭……

一起來瞧瞧千變萬化的花花世界。

向可靠的曇花學習

知道自己每天在哪個時段工作最有效率，
可以幫助自己事半功倍，有效完成目標。

「演化的複雜性」（evolutionary sophistication）並不是我們大多數人在描述植物時會想到的用語。人類的歷史至今約二十萬年，而植物在地球上大約已經存在五億年了，遠比人類久遠得多。在這段漫長的時間裡，植物已經學會在陸上、水下，甚至岩石上開枝散葉。無論是以樹木、灌木、睡蓮或嬌嫩花朵的形式存在，自然環境及人造景觀中都一定有植物的身影。

花卉應該是辨識度最高的植物了。花的種類依據居住地而有所不同，像是在荷蘭，鬱金香是至高無上的存在，而茉莉花與萬壽菊則是印度宗教與文化歷史中擁有重要的地位。五彩繽紛且芳香四溢，花卉提供給人類一種非常自然的方式來表達彼此的感情。然而，開花植物，不僅僅是美麗的花瓣而已。

我們一起來看看鬱金香、茉莉花及萬壽菊這三種花，各自擁有著截然不同的習性。鬱金香會在夜間將花瓣閉合，茉莉花則在夜間綻放，而萬壽菊則是全天開花。這真的不是巧合！每一種花都在演化過程中得知，何時是一天之中，最佳的綻放時間。

夜晚開花的曇花是仙人掌科的一種，而且只在夜間綻放，這就是物種特殊化

每一種花都在演化的
過程中得知，
何時是一天之中，最佳的
綻放時間。

的完美例子。多數仙人掌科的花卉只會在夜幕降臨時開花；甚至有幾種仙人掌花一年只會開花一次。對於夜間開花的仙人掌花來說，天蛾與吸蜜蝙蝠就得負責傳播花粉。由於這兩種生物只在夜間活動，因此仙人掌花就會選在對自己最有利的夜晚開花並散發香氣。

另一方面，鬱金香會在傍晚或陰天時閉合花瓣。在白天時，鬱金香會打開花瓣迎接陽光及眾多授粉者的到來，因為乾燥的花粉最容易傳播，所以一旦有下雨的跡象或天空轉陰時，鬱金香就會閉上花瓣來防止花粉受潮或被雨水沖走。

各種花朵都已經演化出最適合自己的開花習性。仙人掌花是錯過了陽光沒錯，不過卻已經適應了不需要陽光的生活。鬱金香也一樣——這種花跟我一樣喜歡下雨天，但卻不喜歡因為下雨而搞得頭髮／花粉狼狽不堪。

規律作息對人類和對花朵都一樣有益，規律作息可以幫助我們過得更好。但是，建立作息並不需要每天早起或天天吃相同的食物。就像世間萬物一樣，我們要建立靈活有彈性的生活作息。好的作息規畫是要消除小事情在生活中造成的壓力，進而為我們帶來力量。改變作息並加以調整並不是什麼丟臉的事情，能夠保持適當的健康作息才能為我們帶來力量。

我有很長一段時間，一直以為規律的作息會讓我活得「不像自己」。就好像我得因為壓力而妥協，然後過著起床、工作、吃飯、跑腿、吃飯、然後睡覺的生活，就這樣，沒別的選擇了。然而，生活中創造一些儀式與時光才能讓我真正地做自己。將那些生活雜事排在一週中的某些天裡去完成，反而讓我有更多時間做自己喜歡的事情，而不是不停地在跑腿打雜。與其強迫自己為不適合自己的生活作息堅持著，還不如創造一個讓每天生活都更加多采多姿的生活作息。

你在半夜工作的效率更高嗎？那就制定一個在天黑前完成所有雜事的生活作息，好讓你在夜裡少了擔心這些瑣事未完成的壓力。那運動呢？你下班後通常會覺得筋疲力盡嗎？那麼就不要在回到家後才去健身，而是在一天之中覺得身體更帶勁的時段去健身。

不要被「作息」這個詞嚇到。從小事開始，例如每天還在同一時間聆聽當下最喜歡的那首歌，或是每週二打電話給奶奶或外婆。不管從哪裡開始，你都已經在逐步創建更健康的作息了！

自我照顧與規律作息之間有著密切的關係，因為能夠在一天中創造出自己最期待的一段時間就是一種雙贏，不僅對我們有利，也對我們的創造力、家庭，以及人生目標都有好處。

＊善意提醒：打電話給祖父母！

◆結語——熱愛大自然

真正的自我照顧始於改善生活的渴望。這樣的自我改善有時候是自然而然發生的，有時候卻會讓人覺得天人交戰。事實上，那正是因為每個人都不一樣。認清自己的優缺點並挑戰自己的認知，這就是改變一切的開始。

感謝大家跟我一起走完這段旅程。

無論大家決定從這本書中帶走什麼——不管是公開宣布槍蝦成為人生中新的吉祥物，或是要為酪梨樹打造一座花園神殿，只要能夠為自己帶來一個更加了解生理、情緒與心理健康的機會，那麼我們就能夠以此為傲。

或許書中關於寄生蟲的知識比大家想知道的多了太多！但是，希望透過更專注於大自然的生活節奏，以及周遭世界的奇妙生物，我們可以學習如何回歸自我。因為人類終究並非無所不知，甚至還差得遠呢。從自然世界之中汲取靈感，可以讓我們的生活更加腳踏實地。

健康安樂不只是環繞著人類的議題，這些事情都要延伸至我們對地球的長遠看法。

這本書中提及過的許多生物，都在瀕危物種名單上。總體來說，將近百分之三十三的兩棲類、百分之五十的靈長類，以及百分之六十八的植物，正面臨著滅絕的危機。海洋酸化、全球暖化，以及森林砍伐等……這些人類活動正是地球面臨危機的主因。

大家必須同舟共濟，自我照顧不應該是一意孤行。自我照顧也涵蓋了對地球及其上物種的照顧。假如我們不保護地球，這座星球將來也會遭遇到「精疲力竭」的時刻。

如同自我改善一樣，認清現實正是關懷環境的開始——認清周遭世界的現實。關於這方面，以下提出幾個關心地球與自己的簡單方法：

拔掉插頭和更換燈泡

不使用電子／電器設備時，請拔掉插頭。插著電源的電器設備（電視、烤麵包機、筆記型電腦等）即使沒有開機仍然會耗電！換掉那些老式的白熾燈泡，改裝上ＬＥＤ燈或省電燈泡。省電燈泡不僅對環境更加友善，而且因為壽命更長，所以還能省錢。

根據美國國家環境保護局的數據顯示，假如每個美國家庭都換下一顆白熾燈泡，節省下的能源足以為三百萬戶美國家庭提供電力。也記得，舊燈泡要送回收喔！

減少肉類消費

為了填飽人類肚子而生產一卡路里牛肉所需的能量，大約是生產一卡路里食用玉米的二十五倍。我不打算向大家大肆推廣素食主義，不過我建議大家每週選擇一天不吃肉。這麼做對健康與環境都能帶來相當大的益處，同時也是一種雙重的自我照顧！

有意義的消費

減法就是地球的未來。減少燃料、減少包裝、減少浪費。盡可能在二手商店購物，去買菜時記得帶上可重複使用的購物袋，也盡可能購買散裝穀物及未包裝的食品，藉此降低個人整體的碳足跡。此外，省下來的錢還可以用在自我照顧的身體按摩——想一想，熱石按摩耶！

認識自然與現實

讓自己成為大自然的好朋友。挑戰自己，改變習慣，見識一下什麼是「少即是多」的極簡生活，然後找到有創意的方式來降低碳足跡。沒錯，拒絕使用塑膠吸管及抵制汙染行業聽起來真的令人欣喜愉快——不過請記住，這並不是唯一的方法。很多方式都可以造成影響。從小處著手，致力於改變生活所在的社群，而不是試圖拯救全世界。如果我們都專注在生活周遭的事情並關心在地生活，這樣對大家會更好。

有別於傳統的狩獵旅行，自我照顧的探索之旅雖然有起點，但是希望永遠沒有終點。面對任何生態體系時，都能照料自己並實踐自我照顧——不論是在工作中，或是與朋友及家人相處時，尤其是在那個無論我們身在何處都稱之為家的地方。

向特異、偉大又激勵人心的地球學習

關愛大自然，
就是全人類的自我照顧。

致謝

完成一本書不僅需要整個村莊的力量，更需要整個世界——甚至該死的整個星球。

首先，我要感謝我的父母。媽媽，謝謝你無條件的愛，不論我怎樣發脾氣、煩人地與你爭論，謝謝你陪我走過這一切。最重要的是，支持我每一個奇怪的決定——噢，神啊，那些真真切切的奇怪決定。你讓我在十一歲那年參加說故事的課程，你也許不記得了，但我記得清清楚楚，主要是因為……我學以致用了。謝謝你是第一個認為我文章寫得好的人，這也改變了我的人生。

感謝我的父親，我永遠感激你訂閱了《Highlights》雜誌及《讀者文摘》（*Reader's Digest*）。這兩本刊物，以及我們親子間的對話，形塑了我一生獲取知識與分享知識的方式。感謝你堅持全家一起觀看每一集的《地球脈動》（*Planet*

Earth）節目——其影響也不在話下，這節目對我所珍惜的一切事物都帶來了深刻的影響，不只改變我看待地球的方式，也帶給我家庭的意義。

羅翰（Rohan），你在我們一同飛往東南亞的長途飛行中，與我分享了豐富的動物知識，其知識含量足以讓我寫出三本書。如果說你讓我對於完成這本書充滿熱情的話，那可能太輕描淡寫了。謝謝你讓我保持熱情又穩紮穩打。更重要的是，我也成為了真正明白松鼠與羊駝有多神奇的人。

過去的這一年，保持積極真的是件難事。烏茲阿夫（Utsav），謝謝你在生活中帶給我的熱情、支持與力量，讓成書的過程變得這麼有趣。不管是「不小心」脫口而出告訴每一個我們遇到的人說我正在寫書，還是每次我完成一段校稿時的尖叫聲——沒有你，這本書不可能準時完工。我真的嫁對了人。

感謝睿智的作家好姊妹愛麗莎（Alisha）。感謝你作為我在出版界的導師，並在深夜裡傾聽我關於木蛙的叨叨唸唸。《我的朋友都是星球》（*All My Friends Are Planets*）是一本非常優秀的童書，每個孩子都不應該錯過。

感謝 Trello 公司所有的優秀成員——謝謝你們讓我成為團隊的一員。不僅僅是團隊的成員，更成為生產力的工具，我的 Trello 看板是這本書從開始到結束的孕育天地。里雅（Leah），我們倆一起盯著蜂窩時，就是你隨口說一句我應該以動物為主題寫一篇文章。你不僅是我遇過最有創意的人之一，我校稿文字時，腦中聽到的就是你的聲音。感謝你讓我變成更好的人，更好的作家。史黛拉（Stella），你在我一開始動筆時所給予的支持與熱情，是我有信心並腳踏實地完成這本書的基石。謝謝你的指導以及一路上提供給我的資源。

希恩（Sean），謝謝你……給我的一切。謝謝你願意回答我永無止盡的問題，向我保證這不是一場美夢而已。甚至在我不知道自己需要後援會的時候，謝謝你率先成為第一位會員。謝謝你與我分享願景，你是我心中的女超人。

我的編輯潔西卡（Jessica）與艾莉維亞（Alivia）。絕對不要相信任何否定你們是地球上最勤奮的編輯的人。就像我每次反駁你們提出的新建議時，你們往往就是對的。你們讓這個願景成真，我一輩子感激不盡。謝謝你們讓我虛心向上，更重要的是，謝謝你們沒有因為我再三拖稿而殺了我。

潔瑪（Gemma），你是世界上最有才華的人。真的，地球第一。你能參與這個本書計畫對我來說真的意義重大，你的藝術創作遠遠超乎我的想像。請你來紐約時請一定要找我聚聚。

感謝《自然》（*Nature*）、國家地理（National Geographic）及維基百科（Wikipedia）的優秀團隊提供準確的資源讓這本書更加完善，也讓我們可以用更輕鬆的方式認識地球。

感謝《棕色女孩雜誌》（*Brown Girl Magazine*）成為第一個讓我發表作品的媒體，讓我感覺自己「真的」做到了。

感謝大驚小怪狂新聞（Fuss Class News）平台的所有讀者大幅提升我的自信心，你們讓我覺得自己很有趣。

史薇塔（Shwetha）、阿里雅（Ariha）、莉杜（Ritu）及普佳瑪希（Pooja Masi），謝謝你們當我的啦啦隊、我的顧問，你們真的都是我的榜樣。

泰勒（Taylor），謝謝你那些用大寫字母發送的簡訊，以及不可思議的設計發想。

伊凡（Evan），謝謝你借書給我當研究資料。章魚那部分也感謝你的貢獻。

給我生命裡最棒的幾個團隊：Oochki 網頁設計，BFOAT 與野牛（Bison），我愛你們。

感謝西雅圖的喬酒吧（Joe Bar），那裡是我作家生涯的第一個寫作空間。

傑考溫（Jeff Corwin），你是我成長過程的靈感泉源。如果你有任何新的野生動物節目想找我一起主持，我真的樂意之至。千萬不要客氣。

向水母學習人生智慧：

自然界的療癒大師教你放鬆的生活指南

〔juicy〕005

Wisdom from a Humble Jellyfish: And Other Self-Care Rituals from Nature

作　　者｜蘭妮・夏哈（Rani Shah）
譯　　者｜李昕彥
副總編輯｜洪源鴻
責任編輯｜柯雅云
封面設計｜萬亞雰
內文排版｜虎稿・薛偉成

出　　版｜二十張出版／左岸文化事業有限公司
發　　行｜遠足文化事業股份有限公司（讀書共和國出版集團）
地　　址｜新北市新店區民權路108-3號3樓
電　　話｜02-22181417
傳　　真｜02-22180727
客服專線｜0800-221029
信　　箱｜akker2022@gmail.com
Facebook｜facebook.com/akker.fans
法律顧問｜華洋法律事務所／蘇文生律師
印　　刷｜呈靖彩藝有限公司
出　　版｜二〇二四年十月（初版1刷）
定　　價｜四二〇元

ISBN｜978-626-7445-54-9（精裝）　978-626-7445-49-5（ePub）　978-626-7445-50-1（PDF）

作者介紹——蘭妮・夏哈（Rani Shah）

南亞裔美國諷刺新聞網站「大驚小怪狂新聞」（Fuss Class News）創辦人。童年時期大部分的時間都在幻想自己能與動物交談。日常能量來源包括巧克力餅乾、說說古吉拉特語笑話，以及——就曬個太陽。現居紐約布魯克林。

譯者介紹——李昕彥

荷蘭鹿特丹大學文化經濟碩士。曾經走闖竹科，亦在倫敦當過西點師傅。生性理性又感性，喜嘗鮮也愛自由。喜新念舊地走在文字間，現旅居德國，從事中英德口筆譯。

國家圖書館出版品預行編目（CIP）資料
向水母學習人生智慧：自然界的療癒大師教你放鬆的生活指南
蘭妮・夏哈（Rani Shah）著／李昕彥譯
一版／新北市／二十張出版／左岸文化事業有限公司
2024.10／160 面／14.8 x21 公分
譯自：Wisdom from a Humble Jellyfish: And Other Self-Care Rituals from Nature
ISBN：978-626-7445-54-9（精裝）
1. 動物生態學　2. 生活指導　3. 通俗作品
383.5　　　113012784